Приоритеты мировой науки: эксперимент и научная дискуссия

Материалы X международной научной конференции

Северный Чарльстон, Южная Каролина, США

17-18 февраля 2016 года

Часть 1. Естественные и технические науки

The priorities of the world science: experiments and scientific debate

Proceedings of the X International scientific conference

North Charleston, SC, USA

17-18 February 2016

Part I. Natural and Technical Sciences

CreateSpace
North Charleston
2016

УДК 001.08
ББК 10

«Приоритеты мировой науки: эксперимент и научная дискуссия»: Материалы X международной научной конференции 17-18 февраля 2016 г. - Часть 1. Естественные и технические науки. – North Charleston, SC, USA: CreateSpace, 2016. - 161 с.

«The priorities of the world science: experiments and scientific debate»: Proceedings of the X International scientific conference 17-18 February 2016. - Part I. Natural and Technical Sciences. – North Charleston, SC, USA: CreateSpace, 2016. – 161 p.

В материалах конференции обсуждаются проблемы различных областей современной науки. Сборник представляет интерес для учёных различных исследовательских направлений, преподавателей, студентов, аспирантов – для всех, кто интересуется развитием современной науки.
Все статьи представлены в авторской редакции.

The materials of the conference have presented the results of the latest research in various fields of science. The collection is of interest to researchers, graduate students, doctoral candidates, teachers, students - for anyone interested in the latest trends of the world of science.

All articlesare presentedin theauthor's edition.

ISBN-13: 978-1530410156
ISBN-10: 1530410150
Your book has been assigned a CreateSpace ISBN.

CONTENT (СОДЕРЖАНИЕ)

SECTION V. Engineering (Технические науки)

**SECTION VIII. Agricultural science
(Сельскохозяйственные науки)**

SECTION IX. Ecology (Экология)

SECTION I. Chemical sciences (Химические науки)

Алиева Р.В. (доцент, д.х.н.), Мамедова Е.М., Сеидова Х.Г., Караева Э.М., Халил Х.С., Азизбейли Э.И.
Институт Нефтехимических Процессов
им.акад. Ю.Г.Мамедалиева НАНА, г. Баку, Азербайджан

(ОЛИГО)АЛКИЛИРОВАНИЕ БЕНЗОЛА И ТОЛУОЛА C₆-C₁₂ α-ОЛЕФИНАМИ В ПРИСУТСТВИИ ИОННО-ЖИДКОСТНЫХ КАТАЛИТИЧЕСКИХ СИСТЕМ

В последние годы проводятся интенсивные исследования в области олигомеризации, полимеризации и алкилирования в присутствии ионных жидкостей [1,2]. Ионно-жидкостные каталитические системы (ИЖКС) создают благоприятную основу для разработки экологически и экономически выгодных процессов. Полученные таким образом продукты применяются в различных областях науки и техники, в том числе в качестве синтетических масел, моющих средств, присадок к маслам и т.д.

В представленном докладе приведены результаты исследований в области (олиго)алкилирования ароматических соединений (бензол, толуол) C_6-C_{12} α-олефинами в присутствии ИЖКС.

Синтез ИЖ осуществляли взаимодействием $AlCl_3$ с некоторыми аммониумхлоридными солями (диэтиламмониумхлорид (ДЭАХ), триэтиламмониумхлорид (ТЭАХ), пиридиниумхлорид (ПХ)) при различных концентрациях. В качестве среды реакции (олиго)алкилирования применяли такие ИЖКС как $[emim]^+[HSO_4]^-$ и $[bmim]^+[BF_4]^-$, а в качестве модификаторов применяли титан и цирконий содержащие фенолятные соединения с "привитыми" ионно-жидкостными лигандами [3]. Олигоалкилирование (ОА) проводили в различных условиях при массовом соотношение олефина к арену 1:1÷2, температуры 40-100^{0}C; времени 1-4 ч. и концентрации ИЖКС 1,5-5 % масс.. Полученные результаты приведены на табл. 1.

Таблица 1. (Олиго)алкилирование в присутствии ИЖКС

№	Олефин/арен	Концен-трация AlCl₃, %	Состав ИЖ и (молярное соот). компонентов	T, °C	τ, час	Выход ОА, %
1	C₆ / бензол	3	AlCl₃	30-40	3	52
2		1	ТЭАХ:AlCl₃ (1:1.7)	40-50	3	12.51
3		1	ТЭАХ:AlCl₃ (1:2)	40-50	3	12.33
4		3	ТЭАХ:AlCl₃ (1:2)	40-50	1.5	11
5		1	ТЭАХ:AlCl₃ (1:2)	40-50	2	14,16
6		1	[bmim][BF₄]:AlCl₃(10:1)	40-50	3	5,67
7*	C₈/толуол	2	ТЭАХ : AlCl₃ (1:2)	60	3	10,10
8*	C₈/бензол	2	ТЭАХ : AlCl₃ (1:2)	60	3	6,5
9	C₁₀/толуол	3	AlCl₃	60	3	62
10		6	AlCl₃	60	3	78
11		-	[bmim][BF₄]	75-85	3	10.6
12		3	ТЭАХ :AlCl₃ (1:1,5) + [emim][HSO₄]	95-100	3	14.7
13		6	ТЭАХ : AlCl₃ (1:1,7)	95-100	3	68
14		6	ПХ : AlCl₃ (1:1,7)	95-100	3	25
15		6	ТЭАХ : AlCl3 (1:1,7) + [bmim][BF₄]	95-100	3	25,4
16		6	ДЭАХ : AlCl₃ (1,7:1)	95-100	3	52,13

* Олефин/арен=1:1

Показано, что состав и выход продуктов реакции в основном зависит от природы арена, олефина, применяемой ионно-жидкостной каталитической системы, от времени и температуры реакции.

Полученные продукты анализированы при помощи ИК-, УФ-, ЯМР-спектроскопией, гель-проникающей хроматографией и различными термическими методами (ДСК, ДТА) анализа, изучены состав и структуры полученных (олиго)алкилатных фракций. ИК-спектры (рис. 1) образцов регистрировались на спектрофотометре FT-IR system фирмы «Perkin-Elmer» (США) в области 500 - 4400 см⁻¹.

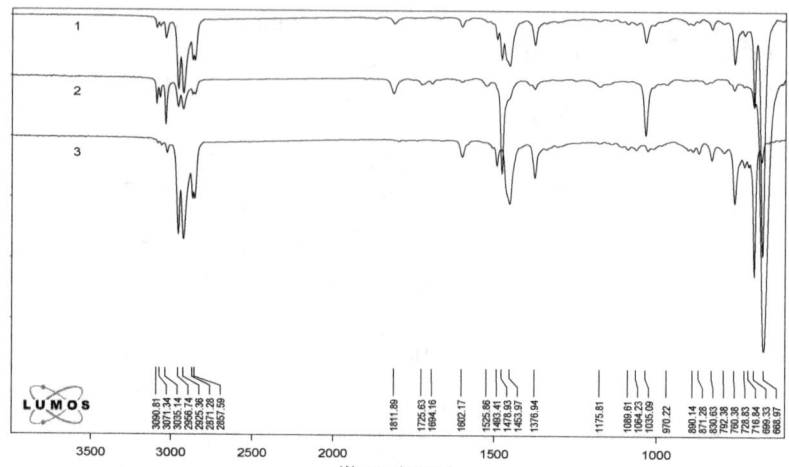

Рис. 1. ИК спектры (олиго)алкилатных фракций.

ИК-спектроскопическим исследованием (олиго)алкилароматических продуктов показано, что полосы поглощения (781 см$^{-1}$, 814 см$^{-1}$, 1511 см$^{-1}$, 1604 см$^{-1}$, 3017 см$^{-1}$) в спектрах образцов тяжелых фракций практически идентичны и соответствуют не толуолу, а его ди- и тризамещенным алкильным производным (рис. 1). Для установления изменений, происходящих в легкокипящих фракциях, проводились сравнительные спектроскопические анализы, по данным которых было обнаружено, что эти фракции состоят из не вступающих в реакцию компонентов, а также по малой вероятности из деалкилатов, изомеризатов и т.д. Спектры ПМР (рис. 2) снимали на импульсах Фурье-спектрометрах фирмы «BRUKER» (ФРГ) при рабочей частоте 300 МГц при комнатной температуре. В качестве растворителя был использован дейтерированный ацетон.

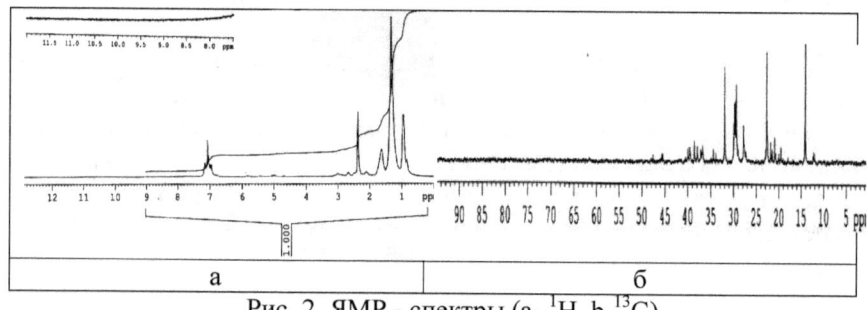

Рис. 2. ЯМР - спектры (а- ^{1}H, b-^{13}C)
(олиго)алкилароматической фракции

Результаты, полученные ^{1}H и ^{13}C ЯМР методом подтверждают показатели ИК-спектроскопии. В частности, во всех ^{1}H и ^{13}C ЯМР спектрах синтезированных (олиго)алкилатных образцов наблюдаются резонансные сигналы, соответствующие химическим сдвигам протонов алкильных групп (метильные CH_3: 0.7-1.3 м.д., метиленовые 1.2-1.4 м.д., метинные -CH: 1.4-1.7 м.д.). После значительного усиления (128 раз) сигналов ПМР, присутствие слабых полос, относящихся к протонам винильных групп -CH=CH$_2$ (5,0-5,5 м.д.), а также внутренним ненасыщенным связям (5,7-5,7 м.д.) в алкильных звеньях свидетельствует о наличии двойных связей в составе полученных продуктов в очень малых количествах. В каждом случае в области 6,8-7,9 м.д. наблюдаются мультиплетные сигналы соответствующие замещенным ароматическим звеньям.

Продукты реакции (олиго)алкилирования изучали методом эксклюзионной хроматографии на высокоэффективном жидкостном хроматографе фирмы «Kovo» (Чехия) с рефрактометрическим и УФ-детекторами. Использовали две колонки размером 3,3х150 мм, заполненные неподвижной фазой «Separon - SGX» с размером частиц 7 мкм и пористостью 100 A^0. Элюентом служил диметилформамид, скорость потока 0,3 мл/мин. Температура - 20-25°C. Параметры ММР определяли по методике и при этом калибровочную зависимость lgM от V_R в диапазоне $M=(1,5-100)^*10^2$ получали с использованием различных стандартов. Она описывалась уравнением $V_R=C_1-C_2$ lgM, где C_1 =23,9, C_2=4,0. При вычислении величины молекулярной массы (ММ) измеряли площади под участками хроматограммы с интервалом 0,25 счета (1 счет соответствует 0,13 мл), расчеты проводили по формулам:

$$M_w = \sum M_i \omega_i \ , \ M_n = 1/\ \omega_i\ /\sum M_i,$$

где M_i - молекулярная масса, соответствующая i-му участку хроматограммы, ω_i - доля площади i-го участка.

С помощью гель-проникающей хроматографии установлены молекулярные показатели синтезированных (олиго)алкилароматических продуктов (фракция н.к. > 200^{0}C): M_w =320-1047; M_n =300-1015 и M_w/M_n = 1,05-1,3. По результатам эксклюзионно-хроматических исследований продуктов алкилирования толуола с деценом, в присутствии различных катализаторов, наряду с основным продуктом моно-алкилтолуолом, обнаружены ди- и три-замещенные фракции алкилтолуола, также линейные бифункциональные макромолекулы, содержащие фрагменты толуола. Иными словами, надо отметить, что получаемые в указанных условиях продукты имеют как олигоалкильную, так и олигоалкилароматическую структуру.

С помощью гель-проникающей хроматографии (с УФ-детектором) проводились исследования олигоалкилароматических образцов, получаемых олигоалкилированием децена-1 толуолом, в присутствии ИЖКС. Для анализа была использована фракция н.к.>200°C и установлено наличие в составе ароматических звеньев. Каталитическая система, используемая при получении этой фракции была синтезирована на основе ТЭАГХ и AlCl$_3$, взятого 1:1,7 в мольном соотношении. В составе этой фракции (M_w=534, M_n=434, M_w/M_n), получаемой олигоалкилированием толуола деценом-1, содержится в основном моно-замещенные производные толуола. В результате олигоалкилирования толуола деценом-1, в присутствии каталитической системы на основе ДЭАГХ и AlCl, в идентичных условиях, получаются ди- и три– замещенные соединения толуола. Молекулярные показатели по результатам гельпроникающей хроматографии составляют M_w=383, M_n=327, M_w/M_n=1,17). Полученные результаты были также подтверждены с помощью УФ - спектроскопии.

ДСК-анализ проводили на дифференциально-сканирующем калориметре Q-20 «Thermo Electron Corporation» (США) со скоростью нагрева 20 град/мин в атмосфере воздуха. При олигоалкилировании толуола деценом-1, в присутствии ИЖКС, первичная термоокислительная деструкция продуктов происходит при температуре 153,77-190,93^{0}С. Изменяя молярное соотношение компонентов в составе ИЖКС, становится возможным регулирование как выхода, так и термостабильности данных (олиго)- алкилатных фракции. В случае применения AlCl$_3$ в качестве катализатора получаются продукты с низкой термоокислительной стабильностью.

Установлены некоторые физико-химические характеристики полученных (олиго)алкилароматических фракций полученных в присутствии ИЖКС: индекс вязкости 88÷115, температура замерзания минус 70^{0}С, кинематическая вязкость при 40^{0}С 4.95-5.61мм^2/с, а при 100^{0}С 1.69-1.79 мм^2/с.

Полученные олигоалкилароматические фракции сравнительно исследовались с продуктами олигомеризации, полученных в идентичных условиях. Полученные олигоалкилароматические продукты, могут быть рекомендованы в качестве углеводородных фракций особого назначения.

Литература

1. Chun-sheng L.V., Jing L.I., Zheng-shen Q.U. Synthesis of High Temperature Lubricating Oil by Alkylation of Benzene // Acta Petrolei Sinica Petroleum Processing Section, 2011, Vol. 27, Issue (4), p. 549-554

2. Azizov A. H., Aliyeva R. V., Seidova Kh.H., Karayeva E.M., Nazarov I. G., Abdullayeva A.M. Oligomerization and alkylation decene-1 in the presence chloroaluminate ionic liquids // American Journal of Chemistry and Application, 2015; 2(3), p. 21-26.

3. Алиева Р.В., Азизов А.Г., Багирова Ш.Р. и др. Патент Азербайджана I 20080048 Az.2008. Способ получения одноцентровых катализаторов для (со)полимеризации этилена.

Ворсина Е.В.[1], Москаленко Т.В.[2], Михеев В.А.[3]

1 – к.т.н., доцент, старший научный сотрудник,

2 – к.т.н., старший научный сотрудник,

3 – к.т.н., зав. лабораторией комплексного использования углей

ФГБУН Институт горного дела Севера им. Н.В.Черского СО РАН

ХИМИЧЕСКАЯ МОДИФИКАЦИЯ БУРОГО УГЛЯ ХАРАНОРСКОГО МЕСТОРОЖДЕНИЯ ДЛЯ ПОЛУЧЕНИЯ АКТИВНОГО УГЛЯ

В настоящее время широко применяемый в различных отраслях промышленности активный уголь (АУ) получают из различных углеродсодержащих материалов органического происхождения (торф, древесный, бурый и каменный уголь, скорлупа кокосовых орехов, косточки плодовых культур, опилки и др.) [1].

Для большинства регионов РФ доступным и относительно недорогим видом исходного сырья для производства пористых углеродных материалов является бурый уголь. Сорбенты, получаемые из бурых углей при помощи щелочной активации - термолиза (600-900 °C) смеси угля с гидроксидами щелочных металлов, обладают хорошо развитой микропористой структурой и высокой адсорбционной способностью. Удельная поверхность таких углеродных сорбентов превышает значение 700 м^2/г, составляя в среднем 1000 м^2/г [2-8 и др.].

Экспериментальная часть

Для исследования процесса получения сорбентов из бурого угля в качестве исходного сырья применялся уголь марки Б2 Харанорского месторождения (Забайкальский край). На этапе подготовки сырья исходная технологическая пластовая проба бурого угля просушивалась, после чего дробилась до крупности менее 2 мм и рассеивалась на 3 класса крупности: менее 0,5 мм, 0,5-1,0 мм и 1,0-2,0 мм. Данные технического анализа и сорбционных свойств общей пробы угля и по полученным классам крупности приведены в таблице 1.

Таблица 1 – Технический анализ и сорбционные свойства бурого угля Харанорского месторождения

Класс крупности	Показатели технического анализа, %				X, %
	W^l	W^a	A^d	V^{daf}	
< 0,5 мм	10,0	11,0	7,8	45,4	24,3
0,5-1 мм	10,1	11,1	6,6	48,1	16,3
1-2 мм	10,0	11,0	6,0	48,5	10,4
0-2 мм	8,2	7,6	7,9	45,5	16,9

В таблице: W^l – лабораторная влага образца, %; W^a – содержание влаги аналитической, %; A^d – зольность на сухую массу, %; V^{daf} – выход летучих веществ на сухое беззольное состояние, %; X – адсорбционная активность по йоду, %.

Химическая модификация образцов харанорского угля и последующий термолиз проводились по следующей методике [9]. Гидроксид калия вводили в уголь импрегнированием при соотношении KOH/уголь равном 1 г/г. Количество щелочи для пропитки угля определялось по соотношению щелочь/уголь, выраженному в граммах KOH на 1 г сухого угля. KOH (50 %-ный раствор) приливали к углю (масса навески 50 г) и перемешивали вручную до однородной массы. Затем угольно-щелочную смесь выдерживали в герметично закрытой таре 24 часа. Для оценки влияния предварительной сушки угольно-щелочной смеси на качество и выход полученного сорбента, одна часть образцов высушивалась до постоянной массы при температуре 105-110 °C, другая же, по истечению установленного времени пропитки сразу подвергалась термолизу.

Импрегнированный гидроксидом калия бурый уголь в закрытой лабораторной посуде помещали в холодную муфельную печь. Термолиз проводился при следующих режимных параметрах: нагревание со скоростью 10 °C/мин до

800 °C в течение 1 ч 20 мин. После нагрева образцы оставались в печи, время изотермической выдержки составляло 1 ч. По истечению заданного времени полученный твердый продукт вынимали из муфельной печи, охлаждали при комнатной температуре, отмывали от щелочи дистиллированной водой до получения нейтральной реакции промывных вод и высушивали до воздушно-сухого состояния.

Результаты и их обсуждение

Результаты лабораторного исследования качественных и адсорбционных свойств образцов приведены в таблице 2.

Таблица 2 – Технический анализ и сорбционные свойства сорбентов, полученных из бурого угля Харанорского месторождения

Класс крупности	Проведение сушки образца перед термолизом	Показатели технического анализа, %			X, %	Y, %
		W^a	A^d	V^{daf}		
< 0,5 мм	нет	2,2	11,4	9,3	92,2	52,6
	да	2,9	10,6	9,7	92,4	48,8
0,5-1 мм	нет	2,0	9,7	8,9	98,4	48,0
	да	2,6	10,2	10,1	95,5	47,2
1-2 мм	нет	2,2	11,6	9,4	95,4	49,6
	да	2,1	10,6	9,1	96,1	47,9
0-2 мм	нет	3,2	11,1	9,9	90,8	52,4
	да	3,6	11,2	10,2	86,6	54,0

В таблице: Y – выход полученного сорбента, %.

Сорбционная активность харанорского бурого угля (табл.1) в зависимости от класса крупности находится в пределах от 10,4 до 24,3 % (в среднем по всем классам крупности – 17 %). По данным, приведенным в таблице 2, видно, что химическая модификация угля гидроксидом калия с последующим термолизом позволяет значительно увеличить адсорбционную активность по йоду - в 3,8-9,2 раза (в среднем по всем классам крупности – в 6 раз) (табл. 1 и 2).

Адсорбционная активность всех полученных образцов адсорбентов превысила значение 90 %, достигая значений 90,8-98,4 %, при среднем значении по анализируемых классам 94,2%. Исключением стал образец, полученный из класса крупности исходного угля 0-2 мм, предварительно высушенного перед термолизом до постоянной массы (86,6 %). Сравнивая полученные образцы с марками активных углей, применяемых в промышленности, можно заключить, что полученные из харанорского угля углеродные адсорбенты, имеют адсорбционную активность по йоду на уровне таких марок АУ, как КАД-молотый (X ≥ 80 %) и УАФ (X ≥ 70 %). Максимальные значения адсорбционной активности по йоду 98,4 % и 96,1 % получены при обработке харанорского угля класса крупности 0,5-1 мм без предварительной сушки и 1-2 мм с предварительной сушкой, соответственно, сопоставимы с адсорбционной активностью по йоду высококачественного промышленно применяемого активного угля СКТ-0 (X ≥ 95 %).

При сравнении между собой вариантов по предварительной подготовке образца к термолизу (т.е. с сушкой и без сушки до постоянной массы угольно-щелочной смеси) в пределах определенного класса крупности можно видеть, что предварительное высушивание образца до постоянной массы не оказывает существенного влияния на выход и адсорбционную активность по йоду образцов. Поэтому исключение этого этапа из процесса получения сорбента позволит существенно снизить энергозатраты без потери качества и выхода конечного продукта.

Таким образом, по уровню показателя адсорбционной активности по йоду образцы харанорского угля, прошедшие химическую модификацию гидроксидом калия и термолиз, являются качественными АУ (X > 50 %). При этом по всем анализируемым классам крупности выход полученного сорбента составил около 50 %. Следовательно, вне зависимости от класса исходного сырья химическая модификация бурого угля Харанорского месторождения позволяет получать углеродные материалы с высокими значениями адсорбционной активности по йоду, соответствующими уровню лучших марок активных углей.

Литература
1. Мухин В.М., Тарасов А.В., Клушин В.Н. Активные угли России. Под общей редакцией проф. д-ра техн. наук А.В.Тарасова. М.: Металлургия. 2000. 352 с.
2. Бован Л.А., Цыба Н.Н., Тамаркина Ю.В., Кучеренко В.А. Влияние гидроксида калия на пористую систему твердых продуктов термолиза бурого угля // Науковіпраці Донецького національного технічного університету. Серія: Хімія і хімічна технологія. Донецьк: ДВНЗ «ДонНТУ», 2009. Випуск 13(152). С. 94-99.
3. Манина Т.С., Федорова Н.И., Семенова С.А., Исмагилов З.Р. Влияние условий щелочной обработки на свойства адсорбентов на

основе природноокисленных углей Кузбасса // Кокс и химия. 2013. №5. С. 25-28.

4. Тамаркина Ю.В., Шендрик Т.Г., Кучеренко В.А., Хабарова Т.В. Конверсия александрийского бурого угля в микропористый углеродный материал в условиях щелочной активации // Журн. Сиб. фед. ун-та. Химия. 2012 5 (1). С. 24-36.

5. Ворсина Е. В., Москаленко Т. В., Михеев В. А. Щелочная активация бурых углей для получения сорбентов / / Геомеханические и геотехнологические проблемы эффективного освоения месторождений твердых полезных ископаемых северных и северо-восточных регионов России: тр. Третьей Всерос. науч.-практ. конф., посвящ. памяти чл.-кор. РАН Новопашина М.Д., г. Якутск, 16-19 июня 2015 г. Якутск: Изд-во «СМИК-Мастер. Полиграфия», 2015. – С. 100-102.

6. Шендрик Т.Г., Тамаркина Ю.В., Хабарова Т.В. и др. Формирование пористой структуры бурого угля при термолизе с гидроксидом калия // Химия твердого топлива. 2009. № 5. С. 51-55.

7. Щипко М.Л., Еремина А.О., Головина В.В. Адсорбенты из углеродсодержащего сырья Красноярского края // Журн. Сиб. фед. ун-та. Химия. 2008. Т.1. № 2 С. 166-180.

8. Kucherenko V.A., Shendrik T.G., TamarkinaYu.V., Mysyk R.D. // Carbon. 2010. V. 48. № 15. P. 4556.

9. Ворсина Е.В., Москаленко Т.В., Михеев В.А. Получение углеродных сорбентов химической модификацией бурого угля Харанорского месторождения // Современные проблемы науки и образования. – 2015. – № 2-3.; URL: http://www.science-education.ru/ru/article/view?id=23990 (дата обращения: 10.02.2016).

Кондрашова А.В.
к.х.н., доцент кафедры «Микробиология, биотехнология и химия»
ФГБОУ ВО «Саратовский ГАУ им. Н.И. Вавилова»

Очистка сточных вод с помощью дисперсного кремнезёма - опоки

Вода - одна из самых ценных природных богатств и незаменимых видов сырья. Она используется во всех отраслях промышленности, сельского хозяйства, для бытовых целей. Вода, использованная в промышленности и в быту, содержит большое количество примесей и различных загрязняющих веществ. Такие воды называются сточными. Сточные воды перед сбросом в водоёмы необходимо очищать от вредных веществ, представляющих опасность для здоровья людей и для биосферы в целом. Существуют разные методы очистки, но одним из основных является биологический метод [1].

Биологическим путём обрабатываются многие виды органических загрязнений бытовых сточных вод. Иногда биоценоз активного ила нарушается, что говорит о неправильной работе очистных сооружений. Для решения такой проблемы было решено применить эффективные микроорганизмы препарата «Байкал-ЭМ1», дополнительно иммобилизовав их на природном сорбенте-опоке. Эта совокупность методов позволяет улучшить биологическую очистку внесением штаммов полезных микроорганизмов и адсорбцией загрязняющих веществ на поверхности опоки [2].

В данной работе одной из задач являлась иммобилизация на природной опоке пробиотического препарата «Байкал-ЭМ1». Данный препарат представляет собой устойчивое сообщество эффективных микроорганизмов, ассоциацию как аэробных, так и анаэробных представителей микробного мира.

В качестве сорбента использовали дисперсный кремнезём - опоку. Природная опока обладает существенной адсорбционной способностью, высокой пористостью, достаточной механической прочностью, неразмокаемостью в воде, дешевизной, что делает экологически и экономически выгодным использование этого природного сорбента в качестве носителя микроорганизмов в процессах очистки сточных вод [3].

Для эксперимента была взята исходная и пропитанная ЭМ-препаратом опока фракцией 1-3мм и загружена в две колонки с высотой слоя сорбента 6-8 см. Через опоку пропускалась сточная вода (скорость 3,5-4,0 мл/мин), которую взяли с очистных сооружений. Затем проводили анализ сточной воды на определённые показатели: аммиак, нитриты, алюминий, жёсткость, щёлочность, мутность.

Пропитка опоки проводилась рабочим раствором ЭМ-препарата в течение разных промежутков времени: 1, 2, 4 и 24 часа. Сточная вода прогонялась через все образцы опоки, пропитанной ЭМ-препаратом.

Таким образом, по всем полученным данным физико-химического анализа можно судить о том, что биологическая очистка ЭМ-препаратом «Байкал-ЭМ1» в совокупности с адсорбционным методом удовлетворительна и улучшила очистку сточной воды по многим показателям. В результате проведённых опытов можно говорить, что совокупность биологического и адсорбционного методов очистки работает.

Литература

1. Артемьева, А.Ю. Охрана водоёмов от загрязнения сточными водами / А.Ю. Артемьева, Л.О. Гутова // Успехи современного естествознания. – 2010, № 8. – С. 42

2. ЭМ-технология – биотехнология XXI века / Сборник материалов по практическому применению препарата «Байкал ЭМ-1». – Алматы: ГУП ИПК «Чувашия», 2006. – 69 с

3. Кондрашова, А.В. Адсорбция катионов металлов на дисперсном кремнезёме - опоке // Международная научно-практическая конференция «Актуальные вопросы развития науки». - Уфа: ООО «Аэтерна. - 2014. - С. 204-206.

Романенко К.А.
магистрант 2 курса
Богданович Н.И.
д.т.н., профессор

*Северный (Арктический) федеральный университет
имени М.В. Ломоносова, г. Архангельск*

НАНОПОРИСТЫЕ УГЛЕРОДНЫЕ МАТЕРИАЛЫ ИЗ ГИДРОЛИЗНОГО ЛИГНИНА

В настоящее время использование новейших научно-технических достижений в целях реализации малоотходных и безотходных технологий относится к основным принципам государственной политики в области обращения с отходами. При заготовке древесины только в лесу остается до 25% биомассы. Промышленность химической переработки древесины также приводит к образованию большого количества отходов в виде опилок, стружки, срезок, горбылей, но значительную часть составляют так называемые технические лигнины, в том числе гидролизный и целлолигнин [1]. В частности, гидролизного лигнина в отвалах накопилось десятки миллионов тонн, которые возможно рационально переработать различными термическими методами.

Несмотря на предложения по переработке гидролизного лигнина в продукты, нужные в различных отраслях промышленности, все они не нашли широкого применения, в основном, из-за высоких требований к качеству получаемых продуктов и, значит, к качеству исходного сырья [2]. А в тех отраслях, где непостоянство состава и неупорядоченная структура не играют важной роли, например в сельском хозяйстве, строительной индустрии, буровой технике и др., масштабы использования лигнина достаточно малы. Практикующееся сжигание лигнина в топках котельных нельзя считать рациональным с точки зрения потенциальной ценности этого сырья. Альтернативным сжиганию решением проблемы утилизации лигнина, в частности гидролизного, является пиролиз с получением высококачественных адсорбентов – активных углей.

Учитывая актуальность утилизации вторичных ресурсов химической переработки древесины, задачей исследования являлось получение углеродных адсорбентов из гидролизного лигнина. В качестве метода активации был выбран термохимический с использованием гидроксида калия в качестве активирующего агента. В ходе эксперимента требовалось исследовать влияние технологических параметров на выход и свойства полученного активного угля.

В настоящее время для синтеза активного угля наблюдается тенденция использования методов термохимической активации сырья, поскольку эти методы позволяют получать адсорбенты с заданными адсорбционными свойствами и параметрами пористой структуры.

Для решения поставленной задачи был реализован центральный композиционный ротатабельный униформ - план второго порядка для трех переменных, варьирующихся на 5 уровнях [3]. В качестве меняющихся параметров были выбраны температуры предпиролиза (Тп/п) и термохимической активации (Ттха), а также дозировка активирующего агента. Значения и интервалы варьирования факторов представлены в таблице 1. В результате эксперимента было наработано 20 образцов АУ.

Полученный уголь в дальнейшем подвергался выщелачиванию, и была исследована его сорбционная активность по основным сорбатам, а также влияние режимных параметров на формирование пористой структуры.

Таблица 1. Значения и интервалы варьирования факторов

Переменные факторы	Характеристики плана					
	Шаг варьирования, λ	Уровни факторов				
		-1,682 (-α)	-1	0	1	1,682 (+α)
Температура предпиролиза, °С	30	350	370	400	430	450
Температура пиролиза, °С	45	600	630	675	720	750
Расход КОН, г/г	0,24	1,00	1,16	1,40	1,64	1,80

Определение удельной поверхности основано на измерении количества газа- адсорбата, который адсорбируется на поверхности исследуемого адсорбента при различных относительных парциальных давлениях при температуре кипения жидкого азота 77 К.

В настоящей работе исследование пористой структуры полученных адсорбентов проводили на анализаторе удельной поверхности ASAP 2020 MP.

Полученные экспериментальные данные в последующем были использованы для расчета коэффициентов уравнений регрессии, оценки их значимости и разработки статистических моделей, связывающих значение выходных параметров с условиями их получения. Сравнение абсолютных значений значимых коэффициентов уравнений регрессии, свидетельствуют о том, что режимные параметры в разной степени влияют как на выход, так и на свойства получаемых углей.

На рисунке 1 представлены поверхности отклика, показывающие влияние температуры термохимической активации гидролизного лигнина и расхода КОН на выход АУ.

Их анализ показывает, что наибольший выход активного угля наблюдается при минимальной дозировке щелочи и минимальном значении температуры термохимической активации. С повышением температуры предпиролиза в интервале 380 - 400 °С значение выхода проходит через оптимум.

На рисунках 2 – 3 представлены графические зависимости, показывающие характер зависимости выходных параметров от технологических условий получения АУ.

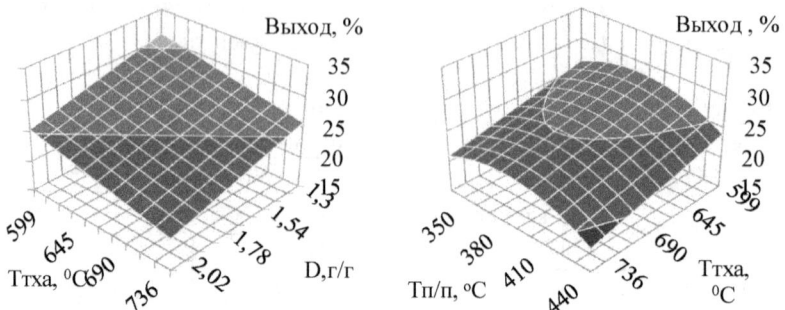

Рисунок 1 - Влияние температуры термохимической активации гидролизного лигнина и расхода КОН на выход АУ

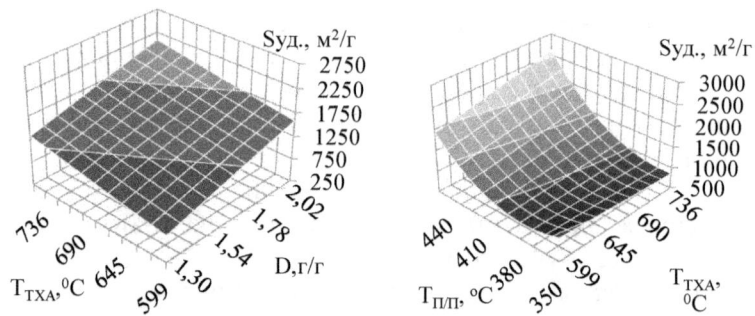

Рисунок 2 - Влияние температуры термохимической активации гидролизного лигнина и расхода КОН на удельную поверхность АУ

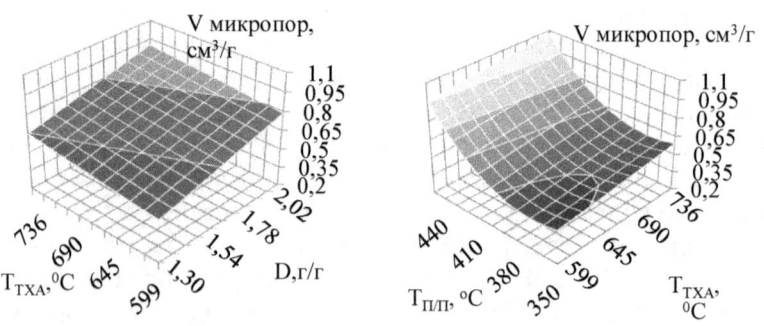

Рисунок 3 - Влияние температуры термохимической активации гидролизного лигнина и расхода КОН на объем пор АУ

Расход гидроксида калия, а также повышение температур термохимической активации гидролизного лигнина оказывают линейное и положительно влияние на формирование удельной поверхности синтезируемых активных углей. Зависимость удельной поверхности от температуры предпиролиза оказалась более сложной.

Сравнение поверхностей отклика, представленных на рисунках 2 и 3, свидетельствует об их идентичности, а значит можно утверждать, что удельная поверхность формируется за счет образования микропор. Более того, ранее представленные данные в виде изотерм адсорбции полностью подтверждают высказанное предположение. А именно, синтезируемые нами угли являются преимущественно микропористыми.

По результатам экспериментальных данных можно сделать следующие выводы:

1. Доказано, что для синтеза активированного угля возможно использование гидролизного лигнина из отвалов.

2. На основании данных низкотемпературной адсорбции азота определено, что удельная поверхность углеродных адсорбентов достигает 2000 м^2/г по БЭТ.

3. Наибольший выход активного угля наблюдается при низкой температуре термохимической активации и температуре предпиролиза 380-400 °C .

Литература

1 Белецкая М.Г., Богданович Н.И. Формирование адсорбционных свойств нанопористых материалов методом термохимической активации // Химия растительного сырья. – 2013. – № 3. – с. 77-82.

2 Романенко К.А., Богданович Н.И., Уханова А.М., Шутова А.А. Углеродные адсорбенты термохимической активации гидролизного лигнина Бобруйского гидролизного завода // Новейшие достижения в области инновационного развития в химической промышленности и производстве строительных материалов: материалы Междунар. науч.-техн. конф., Минск.-М.: БГТУ.– 2015.– с.383 – 386.

3 Богданович Н.И. Планирование эксперимента в примерах и расчетах / Н.И. Богданович, Л.Н. Кузнецова, С.И. Третьяков, В.И. Жабин – Архангельск: изд. С(А)ФУ.– 2010. – 126 С.

SECTION II. Biological sciences (Биологические науки)

Kulataeva A. A.*,Baktybaeva L.K.**
*Master of the Department of Biophysics and Biomedicine,
**Associate Professor of Biophysics and Biomedicine,
Al-Farabi Kazakh National University, Ph.D., Almaty, Kazakhstan

An analysis of the physiological characteristics of children in the definition of «school maturity»

Abstract: In connection with the transition of secondary schools in the Republic of Kazakhstan in the 12-year education assessed the degree of physiological maturity of children 5 - 7 - the age of the main physiological criteria: height, weight, dental formula, hand movements and arm length. In height index, body weight, when assessing the degree of hand movements and morphological and functional maturity of more than 50% of boys lagged behind the performance of the physiological norm, than girls. Only when evaluating dental formula, the boys were present in more permanent teeth. Overall, more than 50% of children 5-7 years old lagged behind their physiological age and did not meet the sanitary standards for admission to the school.

Key words: age physiology, morph functional maturity, sanitary and hygienic standards for admission to the school.

The question of "school maturity" learning readiness of children engaged experts from different countries, but the consensus in this regard has not yet been reached. In general willingness to learn is seen by psychologists and educators. This is obviously not enough work on the definition of "school maturity" of the child, taking into account the point of view of age physiology and psychophysiology. Not enough attention has been given in recent years as the work on the study of the dynamics of growth and development of children, their variability in time and depending on the various factors in the increasingly early onset of training. Currently, assessment of morphological and functional indicators of children is difficult because of lack of modern regional standards, which are recommended by WHO to be updated every 10 years in the stability of the human population, and every 5 years - in terms of its instability (elevated levels of migration). The degree of physiological maturity of children 5 - 7 - the age is determined by the basic physiological criteria: height, weight, dental formula, hand movements and arm length.

Results and discussion.

1.   In determining the age of the child the primary criterion is the physiological height, weight, dental formula, hand movements and arm length. The growth is a key indicator criterion when determining the basic parameters of physical development. Girls and boys were divided according to the criterion of Rostov into three groups: the relevant passport age, lagging 10% of normal and lagging by more than 15%. A group of girls on a consistent growth factor age parameters. In 60% increase in girls ranged from 121 to 126 cm, which corresponds to the age. 26.66% of girls lagged far behind in the growth index, growth ranged from 106 to 108 cm, which corresponds to 4 years of age and accordingly lag of 2 years (see Figure 1). Approximately similar situation took a group of girls with a lag of 10% of normal and reached 13.34%. The increase ranged from 113 to 116 cm, which corresponds to 5 years of age. The group of boys children appropriate growth parameters was 30.77% and a 38.46% were boys with a lag in the growth of more than 15% (Figure 1).

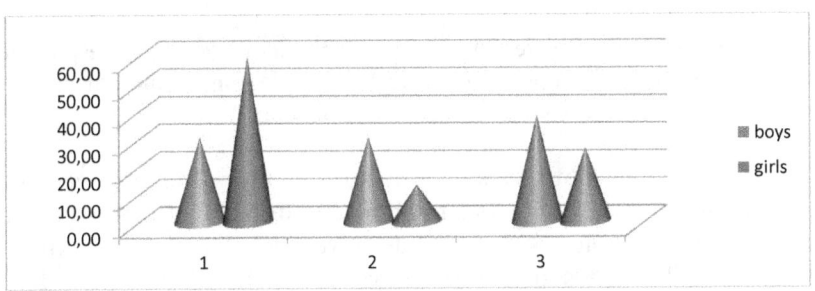

Figure 1 - Analysis of body growth
1 - Meets the criteria of physiological age of growth, %; 2 - behind 10% of the age-related physiological indicators, %; 3 - behind more than 15% of the age-related physiological indicators, %

When comparing the growth performance of boys and girls can be said that, in accordance with the age parameters of the boys in greater numbers lagged behind the rate of only 30% corresponded to indicators of physiological norm.

2. An examination of the body weight of boys and girls were divided into three groups: age greater than physiological indicators corresponding to age-related physiological indicators and lagging

behind the age-related physiological indicators. Tracking results were obtained: greater than chronological age 23.07% of boys, where the weight was above the norm. Lagging on this criterion amounted to 53.86% of the boys, their weight was below 20 kg and 23.7% of boys matched passport age, where the norm is 20 to 22.4 kg (Figure 2). In groups of girls exceeds the norm has not been registered. Girls' age corresponded to 53.33% in the indices, where the weight was from 19 to 22.4 kg. A lag behind normal weight was 46.6% girl (Figure 2). Girls' respective weight-age indicators were much more than boys.

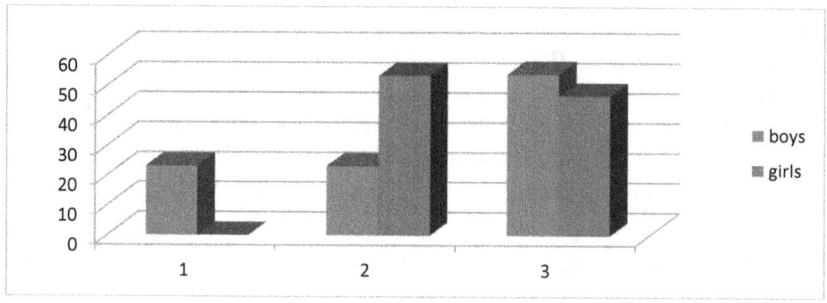

Figure 2 - Analysis of body weight
1 - exceeding the age-related physiological indicators, %; 2 - corresponding to age-related physiological indicators, %; 3 - lagging behind the age-related physiological indicators, %

3. Movement of hands as a major indicator of child's readiness for school. In studies of boys and girls were divided into three groups: well-developed motor skills of hands, a well-developed motor skills of hands and the hands of a satisfactory motor development. A hand movement has been well developed in 26.67% of girls and 13.33% in only with a satisfactory performance (Figure 3). In 60% of girls hand movements has been developed perfectly. In assessing the hand movements of boys at 38.46% identified with indicators of excellent and good, 28.08% of boys with satisfactory performance (Figure 3). Thus, when evaluating hand movements boys and girls appeared more developed motor skills of hands girls than boys.

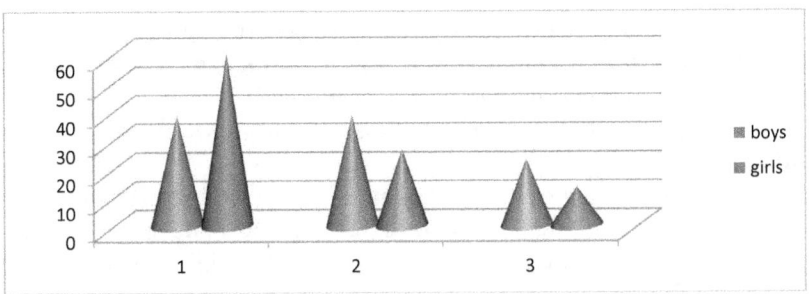

Figure 3 - Analysis of the results of assessing the degree of hand movements
1 - Fine motor development arms, %; 2 - well-developed motor skills of hands, %; 3 - satisfactory motor development arms, %.

4. The result of the Philippine test accurately characterizes the biological age of the child, as it reflects not just a characteristic of the skeleton, but something much more important - the degree of morphological and functional maturity of the body. The first is related to the level of maturation of the nervous system and the ability of the brain to perceive and process information. According to the Philippine test results were as follows: 69.24% of the boys were a negative indicator, while the positive result was 30.76% of boys. These girls Philippine test showed that 53.32% of the girls had a positive result and 46.68% with negative results. Thus, the results of the test showed Filipino that girls in the degree of morphological and functional maturity were significantly higher than boys.

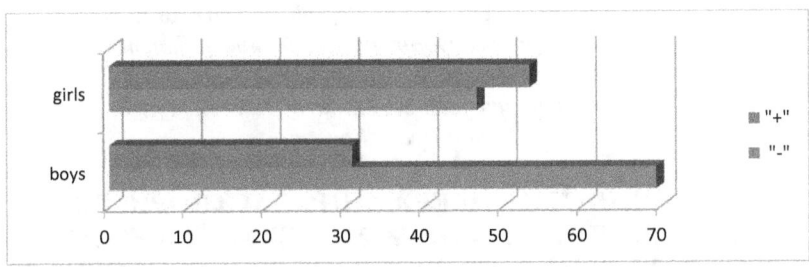

Figure 4 - Evaluation of the morphological and functional maturation of the child
"+" - The relevant age morph functional parameters, %; "-" - Fails age morph functional parameters, %.

5. The results of the analysis of the dental formula of boys and girls showed that age-appropriate set of permanent teeth abounded boys - 87.1%, and less than half of the girls - 42.7%.

Thus, physiological parameters children were allocated as follows:

In Rostov index, body weight, more boys lagged behind the physiological norm, than girls. In assessing the hand movements of boys and girls appeared more developed motor skills of hands girls than boys. Philippine test results showed that the girls on the degree of morphological and functional maturity were significantly higher than boys. Only when evaluating dental formula, the boys were present in more permanent teeth. Overall, more than 50% of children 5-7 years old lagged behind their physiological age and did not meet the sanitary standards for admission to the school.

References
1. Смирнова Е. О. Детская психология. – М.: Владос, 2003.
2. Фридман Л. М. Психология детей и подростков: справочник для учителей и воспитателей. - М.: Изд-во Института Психотерапии, 2003.

**Кхедри Ф.[1], д.м.н., проф. Курников Г.Ю.[2],
к.б.н., доц. Кравченко Г.А.[1], к.б.н. Касатова Е.С.[1],
к.б.н. Фомина С.Г.[1], д.б.н., проф. Новиков В.В.[1]**
*[1]Нижегородский государственный университет
им. Н.И. Лобачевского, Н. Новгород, Россия.
[2]Городская клиническая больница №13 Минздрава,
Н.Новгород, Россия*

ОСОБЕННОСТИ СОДЕРЖАНИЯ РАСТВОРИМЫХ ДИФФЕРЕНЦИРОВОЧНЫХ МОЛЕКУЛ АДГЕЗИИ И МОЛЕКУЛ ГИСТОСОВМЕСТИМОСТИ ПРИ ПСОРИАЗЕ

Введение:

Проникновение чужеродных антигенов в человеческий организм приводит к запуску в иммунной системе ряда событий, которые формируют иммунный ответ. Запуск и развитие как врожденного, так и адаптивного иммунного ответа идет при участии ряда мембранных белков клеток иммунной системы.

Многочисленные взаимодействия молекул главного комплекса гистосовместимости I и II классов с Т-клеточными рецепторными комплексами, молекул адгезии между собой, цитокиновых рецепторов с их лигандами и другие белковые межклеточные взаимодействия приводят к активации лимфоцитов и других клеток иммунной системы. Немаловажную роль в этих событиях играют дифференцировочные молекулы, в частности молекулы адгезии ICAM-1 (CD54), ICAM-3 (CD50), CD38 и CD18. Многие дифференцировочные молекулы клеток иммунной системы имеют как мембранные, так и растворимые формы, образующиеся в результате шеддинга или альтернативного сплайсинга мРНК. В межклеточном пространстве растворимые молекулы адгезии могут взаимодействовать с лигандом своего мембранного аналога, что приводит к различным иммунологическим эффектам.

Целью работы является определение уровня растворимых дифференцировочных молекул адгезии и молекул гистосовместимости в сыворотке крови больных псориазом, в патогенезе которого важную роль играют иммунологические нарушения.

Материалы и методы:

В работе были использованы образцы сыворотки крови 140 больных псориазом, проходящих амбулаторное лечение в Городской клинической больнице №13 г. Н.Новгорода. Кровь для обследования забирали до и после лечения. В качестве контроля использовали кровь здоровых волонтеров, полученную из Нижегородского областного центра переливания крови.

Для определения уровня растворимых молекул адгезии и молекул гистосовместимости I и II классов применяли разработанный авторами ранее полуколичественный иммуноферментный метод с использованием моноклональных антител серии ИКО и поликлональные антитела против антигенов клеток иммунной системы человека. Результаты выражали в условных единицах (U/ml) и анализировали с учетом индекса тяжести псориаза PASI. Статистическая обработка данных проводилась с помощью компьютерной программы STATISTICA 6.0.

Результаты:

Обнаружено статистически значимое повышение сывороточного содержания растворимых молекул CD18 у больных в 1,3 раза (P=0.03) при псориазе средней тяжести (PASI от 10 до 30) и в 1,5 раза (P=0.001) при тяжелом течении псориаза (PASI от 30 до 72) до и после лечения по сравнению с контрольными показателями. Содержание растворимых молекул адгезии ICAM-3 (CD50) в сыворотке больных с тяжелой степенью тяжести, достоверно увеличивалось по отношению к контрольной группе, причем повышение сохранялось и после лечения. Сывороточное содержание растворимых молекул гистосовместимости достоверно увеличивалось у больных с более тяжелым течением болезни (PASI от 30 до 72) по сравнению с результатами, полученными при анализе сыворотки здоровых волонтеров. Выявлен высокий сывороточный уровень растворимых молекул HLA-DR, который сохранялся и после лечения больных.

Заключение:

Повышенное сывороточное содержание молекул главного комплекса гистосовместимости I и II классов свидетельствует об участии в иммунном ответе как $CD8^+$, так и CD4+ T-клеток в результате их активации антиген-презентирующими клетками. Важную роль в развитии иммунных реакций у больных псориазом играют молекулы адгезии, что подтверждается данными об увеличении сывороточного содержания растворимой молекулы адгезии ICAM-3 и растворимой молекулы CD18, являющейся тяжелой цепью белковых гетеродимеров семейства β_2-интегринов.

Список литературы

1. Krist´of E. Novel role of ICAM3 and LFA-1 in the clearance of apoptotic neutrophils by human macrophages / E. Krist´of, G. Zahuczky. – Apoptosis. – 2013. – 18. – P. 1235–125.

2. Malavas F. CD38 and chronic lymphocytic leukemia: a decade later, blood / F. Malavas. – 2011. – 118. – P. 3470-3478.

3. Stanciu L.A. The role of ICAM-1 on T-cells in the pathogenesis of asthma / L.A. Stanciu, R. Djukanovic. – Eur Respir J. – 1998. – 11. – P. 949–957.

4. Lowes M.A. Immunology of Psoriasis / M.A. Lowes, M. Suárez-Fariñas, J.G. Krueger. – Annu. Rev. Immunol. – 2014. – 32. – P. 227–55.

Mitaeva Y.I.
PhD, researcher, Nizhny Novgorod State University

Network Ca^{2+}-cell activity field CA3 hippocampal slices of rat early and late postnatal development

Hippocampus - the structure of the central nervous system, which is involved in the mechanisms of emotion and memory consolidation. The hippocampus has a certain topology distribution of cellular elements, which provides the many cellular networks. One of them is the network of neurons in the CA3 field. This network receives inputs from cells of the entorhinal cortex and the dentate gyrus, in addition CA3 pyramidal neurons form the connection between themselves and interneurons, forming a closed network that operates in conditions of acute slice and generates spontaneous Ca^{2+} activity. Neuronal network interacts with the glial network, the main manifestation of activity which are Ca^{2+} oscillations. Therefore, to estimate the age dependence of Ca^{2+} activity in the cells were investigated Ca^{2+} oscillations in neuronal and glial networks and the interactions between them.

In this work, we investigated changes in the characteristics of Ca^{2+} oscillations cells of rat hippocampal CA3 field in early (P5-8, P14-16) and late (P21-25), postnatal development. Also shown the effect of temperature of perfusion solution on cells Ca^{2+} activity of CA3 field hippocampal slices of rats in different postnatal periods. Besides in the study was valued role of network activity in the formation of spontaneous Ca^{2+} oscillations cells of rat hippocampal CA3 field in early and late stages of postnatal development.. Experiments were carried out on acute hippocampal slices from rats. Was used laser scanning confocal microscope Carl Zeiss LSM 510 Duoscan (Germany). Recording fluorescence kinetics were carried out in full frame (field of view of 400x400 mm), with a resolution of 256x256 pixels digital and scanning frequency of 1 Hz. Fluorescence indicators recorded in the range 500-530 nm (Oregon Green 488 BAPTA-1 AM) and 650-710 nm (Sulforhodamine 101). The fluorescence intensity (s.u.) shows the dependence of the concentration of $[Ca^{2+}]_i$ in time, indicating the metabolic activity of cells. Method of cross - correlation analysis was used to evaluate synchrony of Ca^{2+} oscillations cells of CA3 field of rat hippocampus. We chose the time interval size in 3 seconds and within this interval were found synchronous Ca^{2+} oscillations in all possible pairs of cells.

Further, the number of synchronously occurring Ca^{2+} oscillations were normalized to the minimum number of Ca^{2+} oscillations in one of the cells analyzed pairs.

The studies have shown that the parameters of cell Ca^{2+} oscillations field CA3 of hippocampal slices vary depending on the period of postnatal rats. Reducing the amount of Ca^{2+} oscillations with age due to the formation and complexity of synaptically connected neural networks, the transition of electrical synapses in the chemical. Transitional period is 14-16 days of postnatal development, and for 21 days - there is a fully formed neural network. Electrically connected network is weakly controlled, excitement is freely distributed over the network, involving work of all cells, resulting in a high Ca^{2+} activity in rat hippocampal cells of younger age group. In mature hippocampal brain slices spontaneous Ca^{2+} activity with low due to lack of active neural network. In this case, the spontaneous Ca^{2+} oscillations are due mainly metabolic activity of cells has been shown in our experiments. This study showed that changes in Ca^{2+} activity in the cells of rat hippocampal CA3 fields occurring during postnatal development directly related to the functioning of the neural networks, and the metabolic state of the cells. Ca^{2+} signaling in mature brain - is a complex multicomponent process involving various receptor systems capable of mutual substitution in violation of the normal functioning of one or more of them.

This work was supported by Grant of the President of the Russian Federation for young scientists and graduate students engaged in advanced research and development in priority areas of modernization of the Russian economy for 2015-2017 (СП-1531.2015.4).

A. Mokrane[1], A.D. Perenkov[1], C.V. Choumilova[1], A.V. Aliassova[2], D.V. Novikov[1], V.V. Novikov[1]

[1] *Institute of Molecular Biology and Regional Ecology, Lobachevskii State University of Nizhni Novgorod, Nizhni Novgorod, Russia;*
[2] *Nizhni Novgorod State Medical Academy, Nizhni Novgorod, Russia.*

STUDY OF POLYMORPHISM OF CD38 GENE AND ITS RELATIONSHIP WITH THE RISK OF COLON CANCER

Abstract CD38 has a genetic polymorphism, characterized by a C>G variation in the regulatory region of intron 1. The working hypothesis is that the presence of different alleles in colon cancer patients accounts for some of the clinical heterogeneity. CD38 is considered a marker of prognosis and as an indicator the activation and proliferation of cells. We hypothesized that single nucleotide polymorphisms (SNP) in the CD38 gene may be related to colon cancer risk. We evaluated one potentially functional CD38 SNP, intronic rs6449182 in two cases patients and controls. Genotyping was done using PCR-based assays in a total of 106 Russian patients with colon cancer and 100 controls. We found that frequencies of variant allele (rs6449182 G) were significantly higher in colon cancer. Logistic regression analysis revealed an association between colon cancer and genotypes: rs6449182 CC [odds ratio (OR), 0.58; 95% confidence interval (95% CI), 0.33-1.00], rs6449182 CG (OR, 1.40; 95% CI, 0.80-2.45), and rs6449182 GG (OR, 2.20; 95% CI, 0.74-6.57). We observed that rs6449182 G carriers had more advanced clinical stage (P = 0.03). In conclusion, our data show that CD38 SNP may affect CD38 expression and contribute to the increased risk of colon cancer carcinogenesis.

Keywords: CD38 gene, genetic polymorphism, colon cancer, SNP, CD38 expression, carcinogenesis

Introduction Colorectal cancer remains one of the most widespread malignancies in the world. According to the last global oncoepidemiological analysis [1][2][3], Mutations in several different genes seem to be needed to cause colorectal cancer. Human CD38 is a 45 kDa single-chain transmembrane glycoprotein with a short amino-terminal cytoplasmic tail, a single membrane-spanning region, and a long extracellular carboxy-terminal domain, the carboxyl-terminal of the molecule harbors the catalytic site (CD38 is defined as an ecto-enzyme) and the binding site for CD31, the non-substrate CD38 ligand [4]. The molecule may also exist in a soluble form present in biologic fluids in normal, para-physiologic, and pathologic conditions [5]. The gene that encodes human CD38 has been mapped to chromosome 4 by means of somatic cell genetics [6]. More recently, the sub-chromosomal localization of the human CD38 gene (4pl5) has been achieved in the course of studies aimed at the genetic analysis of the molecule [7].

Human CD38 gene encodes a transmembrane glycoprotein, which is considered a marker of lymphocyte activation and possesses enzymatic activity against ADP-ribose [8] Recent studies demonstrated that B-CLL patients can be subdivided into two groups depending on the presence or absence of CD38 on malignant cells [9]. In studies of the association between CD38 and colon cancer, we analyzed 1 single nucleotide polymorphisms (SNP). SNP is a single nucleotide variation in genomic DNA rare allele frequency of at least 1% [10]. SNP rs 6449182 located at the 5'-end of the first intron and can affect the expression of CD38 gene. rs6449182, that leads to the presence or absence of a PvuII restriction site. The SNP is located within a putative E-box, a region of binding of the E proteins with a consequent regulation of gene transcription. In the B cell compartment a relevant role is played by E2A, that controls the expression of several B lineage genes. E2A was demonstrated to bind to the E-box of the CD38 gene, regulating its expression, and the binding of the protein is influenced by the CD38 genotype, with the G allele resulting in a stronger binding of E2A [11]. It is shown that the SNP rs 6449182 GG genotype increased the risk of developing cell chronic leukemia [12]. However, we analysed CD38 gene SNP for estimate the genetic contributions to complex diseases, such as colon cancer.

Materials and Methods The study included 100 samples of peripheral blood of healthy donors, 106 peripheral blood samples of patients with colon cancer. DNA was isolated by phenol-chloroform extraction. SNP rs6449182 gene CD38 was detected by allele-specific PCR. In all patients, genomic DNA was isolated from peripheral blood at the time of diagnosis. SNPs included in this investigation were chosen based on the literature review and their potential functionality. At the time of the study designing the literature search did not reveal any links between CD38 SNPs and colon cancer The SNP rs6449182 is located at the 5'-end of intron 1 in the proximity of the CpG island and retinoid acid–responsive element, and thus in the region potentially involved in the regulation of CD38 gene expression [13]. Genomic DNA used for *CD38* genotyping was isolated from peripheral blood samples in 106 patients and 100 controls. The rs6449182 genotypes were detected following electrophoresis in a 1.5% and identified as rs6449182 CC or GG homozygous or CG heterozygous in case of the presence of a product in respective tube or as rs6449182 CG heterozygous if products were shown in both tubes. Accordance with the Hardy-Weinberg equilibrium within each case and control group were analyzed by $\chi2$ test. For all calculations, $P <$ 0.05 was considered significant. The practical application of this research is related development of methods for predicting the course of disease. Undoubted progress in this direction has been made in the field of onco-hematology [14] [15].

Results and Discussion Healthy donors living in the Nizhny Novgorod region, had the following distribution of allelic variants of SNPs rs6449182: CC 0.570, 0.380 CG, and GG 0.050. Investigation frequency of allelic variants of SNP rs6449182 in patients with colon cancer, showed the following distribution: 0.434 CC, CG 0.462, GG 0.104. We are conducting a study of samples of healthy donors and cancer patients on the deviation from Hardy-Weinberg equilibrium. Both samples showed compliance with Hardy-Weinberg equilibrium. No difference in the incidence of genotypic variants of SNPs rs6449182 cancer patients and healthy individuals have been identified. However, it was found that the G allele in patients with colon cancer occurs significantly more likely than healthy donors ($\chi2$ = 4.51, p = 0.03).In our study, regarding rs6449182 SNP, we observed an association between colon cancer and heterozygous CG genotype with an OR of 1.40 (95% CI, 0.80 − 2.45). Interestingly, the colon cancer risk was further elevated with rs6449182 GG homozygous genotype (OR, 2.20; 95% CI, 0.74 − 6.57), suggesting an allele-dose effect. Given the recent findings on the importance of CD38, it is conceivable that polymorphisms of the molecules involved in the CD38 signaling pathway might serve as determinants of colon cancer predisposition. In this investigation, we found that the associations between colon cancer risk and *CD38* SNPrs6449182. According to the table 1, these results are comparable with data derived from larger series from Spain [16] or Ireland [17]or Italy. The results obtained show that the G allele of the gene CD38 rs6449182 SNP is likely linked to colon cancer. Our data are consistent with the literature, which shows the role of GG genotype in the risk of chronic leukemia. However, the results should be interpreted with caution. The analysis of this polymorphism in a large cohort of Chronic lymphocytic leukemia (CLL) patients indicate that the G allele is significantly associated with molecular markers of unfavourable prognosis and

35

represents a significant risk factor for RS transformation because the gene frequencies in the healthy population are 0,78 and 0,22 for the C and G allele respectively (CC 61%, GC 33% and GG 6%) [18].The correlation between this polymorphism and genetic susceptibility has been studied also for other diseases, including Systemic Lupus Erythematosus (SLE), where the CC genotype causes susceptibility and the CG genotype confers protection for discoid rash development [19].

Control populations	N°	Genotype			Allele frequency		Year
		CC	CG	GG	C	G	
Spain	194	53	40	7	0.73	0.27	2004
Ireland	630	64	30	6	0.79	0.21	2006
Italy	232	62	34	4	0.79	0.21	2008
Our study Nizhni-Novgorod (Russia)	100	57	38	5	0.76	0.24	2015

Conclusions The biological mechanisms underlying these associations are unknown. Interestingly, we found that CD38 gene and protein expression are elevated in colon cancer cells from carriers of rs6449182 G. This is in line with growing evidence of the involvement of CD38 signaling in colon cancer pathogenesis. It was shown that signals through CD38 receptors induce proliferation and increase survival of colon cancer cells [20] The rs6449182 polymorphisms is non-coding, although its localization in the regulatory region at the 5′-end of intron 1 in proximity to the CpG island and retinoid acid–responsive element may potentially affect gene expression [21]. Furthermore, it is not unlikely that association between colon cancer and *CD38* SNP may be modified by well-known functional SNP [22].

The major strengths of our investigation are the design, which has enabled the results to be confirmed in a validation study, and functional findings that are in line with the observed disease associations. However, some limitations of the study should also be mentioned.

It should also be underlined that we applied the candidate gene approach, and focused on SNP with functional effects as suggested by previous reports. Therefore, we cannot rule out the possibility that *CD38* SNP other than those included in our study may be related to colon cancer risk.

In conclusion, in this study, we found some evidence that *CD38* SNP rs6449182 affects CD38 expression in colon cancer cells and contributes to colon cancer predisposition.

References:
1. Ferlay J., Shin H. R., Bray F., et al. Cancer incidence and mortality worldwide: IARC CancerBase No. 10 [Internet]; 2010. Lyon (France): IARC; Available from: http://globocan.iarc.fr .
2. Jemal A., Center M. M., DeSantis C., Ward E. M. Global patterns of cancer incidence and mortality rates and trends. Cancer Epidemiol Biomarkers; 2010.19: p 1893-1907.
3. Jemal A., Bray F., Center M. M., et al. Global cancer statistics. CA Cancer J Clin; 2011. 61: p 69-90.
4. Deaglio S., Morra M., Mallone R., Ausiello C. M., Prager E., Garbarino G., Dianzani U., Stockinger H., Malavasi F. J Human CD38 (ADP-ribosyl cyclase) is a counter-receptor of CD31, an Ig superfamily member. Immunol; 1998.160: p 395-402.
5. Funaro A., Horenstein A. L., Calosso L., et al. Identification and characterization of an active soluble form of human CD38 in normal and pathological fluids. Int Immunol; 1996. 8: p 1643-1650.
6. Katz F., Povey S., Parkar M., Schneider C., Sutherland R., Stanley K., Solomon E., and Creaves M. Chromosome assignment of monoclonal antibody-defined determinant on human leukemic cells. Eur J. Immunol; 1983. 13: p 1008-1013
7. Nakagawara K., Mon M., Takasawa S., Nata K., Takamura I., Berlova A., Tohgo A., Karasawa I., Yonekura H., Takeuchi I., and Okamoto H. Assignment of CD38, the gene encoding human leukocyte antigen CD38 (ADP-ribosyl cyclase/cyclic ADP rihose hydrolase), to chromosome 4p15. Cytogene:. Cell. Genet; 1995. 69: p 38-39.
8. Deaglio. S., Mallone. R, Baj G., Donati D., Giraudo G., Corno F., Bruzzone S., Geuna M., Ausiello C., and Malavasi F. Human CD38 and its ligand CD31 define a unique lamina propria T lymphocyte signaling pathway. FASEB J; 2001.15: p 580-582.
9. Zupo S., Isnardi L., Megna M., Malavasi F., Dono M., Cosulich E., and Ferrarini M. CD38 expression distinguishes two groups of B cells chronic lymphocytic leukemia with different response to anti-lgM antibodies and propensity to apoptosis. Blood In press; 1996. 88: p 1365-1374.
10. Mohd F., Mohammad A. Single nucleotide polymorphism in genome-wide association of human population: A tool for broad spectrum service; 2013. 14: p 123–134.

11. Saborit V. I., Vaisitti T., Rossi D., D'Arena G., Gaidano G., Malavasi F., Deaglio S. E2A is a transcriptional regulator of CD38 expression in chronic lymphocytic leukemia. Leukemia; 2011. 25: p 479-88.

12. Jamroziak K., Szemraj Z., Izydorczyk O. G., Szemraj J., Bieniasz M., Cebula B., Giannopoulos K., Balcerczak E., Kupnicka D J., Kowal M., Kostyra A., Calbecka M., Wawrzyniak E., Mirowski M., Kordek R and Robak T. *CD38* Gene Polymorphisms Contribute to Genetic Susceptibility to B-Cell Chronic Lymphocytic Leukemia: Evidence from Two Case-Control Studies in Polish Caucasians. Cancer Epidemiol Biomarkers; 2009. 18: p 945.

13. Ferrero E., Saccucci F., Malavasi F. The human CD38 gene: polymorphism, CpG island, and linkage to the CD157 (BST-1) gene. Immunogenetics; 1999. 49: p 597–604.

14. Novikov V.V. Soluble forms of hemopoietic cells differentiation antigens (Растворимые формы дифференцировочных антигенов гемопоэтических клеток) // Гематология и трансфузиология; 1996. № 6. p 40–43.

15. Novikov V.V. Soluble differentiation antigens (Растворимые дифференцировочные антигены) // Иммунотерапия рака: Матер. Европ. школы онкологов. М; 1999. p 1–8.

16. Gonzalez E. M. F., Aguilar F., Torres B., Sanchez R. J, Nunez R. A. CD38 polymorphisms in Spanish patients with systemic lupus erythematosus. Hum Immunol; 2004. 65: p 660- 664.

17. Drummond F. J., Mackrill J. J., O'Sullivan K., Daly M., Shanahan F., Molloy M. G. CD38 is associated with premenopausal and postmenopausal bone mineral density and postmenopausal bone loss. J Bone Miner Metab; 2006. 24: p 28-35.

18. Aydin S., Rossi D., Bergui L., D'Arena G., Ferrero E., Bonello L., Omede P., Novero D., Morabito F., Carbone A., Gaidano G., Malavasi F., Deaglio S. CD38 gene polymorphism and chronic lymphocytic leukemia: a role in transformation to Richter syndrome? Blood; 2008. 111: p 5646-5653.

19. Gonzalez E. M. F., et al. Idem; 2004. 65: p 660- 664.

20. Deaglio S., Capobianco A., Bergui L., et al. CD38 is a signaling molecule in B-cell chronic lymphocytic leukemia cells. Blood; 2003. 102: p 2146–2155.

21. Ferrero E., et al. Idem;1999. 49: p 597–604.

22. Sasaoka T., Kimura A., Hohta S. A., Fukuda N., Kurosawa T., Izumi T. Polymorphisms in the platelet-endothelial cell adhesion molecule-1 (PECAM-1) gene, Asn563Ser and Gly670Arg, associated with myocardial infarction in the Japanese. Ann N Y Acad Sci; 2001. 947: p 259–270.

Рахматуллаев Ёркин Шокирович
кандидат биологических наук, доцент.
Курбанов Абдулазиз Шаниязович
кандидат биологических наук, доцент.
Буранова Гулноза Боймуродовна
магистр
Каршинский государственный университет

ОБЕСПЕЧЕННОСТЬ МИНЕРАЛЬНЫМИ ВЕЩЕСТВАМИ ПРЕПОДАВАТЕЛЕЙ КОЛЛЕДЖА В ЮЖНОМ РЕГИОНЕ УЗБЕКИСТАНА

Микронутриенты имеют большое значение для роста, развития и жизнедеятельности организма. Они являются важной составной частью цитоплазмы и биологических жидкостей, служат для постоянного поддержания осмотического давления в тканях и клетках. Минеральные вещества входят в состав сложных органических соединений, к примеру, гемоглобина, гормонов, ферментов и аминокислот. Они являются основным строительным материалам костной и зубной тканей. Вместе с тем, достаточное присутствие ряда минеральных веществ в составе клеток нервной ткани, обеспечивает передачу нервных импульсов [3-7].

Для нормального протекания в организме всех физиологических и биохимических процессов очень важным является качественное и количественное содержание микронутриентов (витамины и минеральные вещества) в составе употребляемых в пищу продуктов равно как макронутриентов (белки, жиры, углеводы). Потребность организма в микронутриентах невелика и измеряется в граммах, миллиграммах и микрограммах. Однако, как дефицит, так и чрезмерное употребление может стать причиной нарушения многих физиологических и биохимических процессов, протекающих в организме [3,4].

Недостаточность потребления микронутриентов, так же как и белков, жиров или углеводов может несразу отразиться в состоянии организма и часто имеет скрытый характер. Иначе говоря дефецит того или иного витамина, макро- и/или микролемента может проявится спустя недели, месяцы и даже годы, и данное обстоятельство часто остаётся без должного внимания.

Врезультате недостаточного потребления микронутриентов могут развиться различные заболевания, которые приводят к необратимым последствиям.

На сегодняшний день всебольшую актуальность преобретает проведение просветительской работы среди широких слоев населения относительно микронутриентов, их источников, особенностях их усвоения, последствиях дефицита и мерах его предупреждения [7].

В материалах международной конференции ВОЗ, проведённой в Риме в 1992 году, было отмечено, что дефицит микронутриентов в питании населения имеет место нетолько в развивающихся странах, но и в развитых странах. К примеру, большая часть населения России, считающейся развитой державой, была подвержена различным заболеваниями в результате недостаточности ряда витаминов и таких минеральных веществ, как соли железа, йода, селена, кальцийя и др. Показано, что 80-90% населения России страдает от дефицита витамина С, 40-80% - витамина B_1, B_2, B_6 и B_9, 40-50% - каротина. Дефицит микронутриентов наблюдался не в отдельных слоях населения, а имел общенациональный характер [3].

В Узбекистане вопросы укрепления здоровья населения и организации здорового образа жизни имеют приоритетное значение. В речи преидента Республики И.Каримова на заседании депутатов 7 декабря 2004 года было высказано важное утверждение о том, что «здоровье человека во многом зависит от него самого. Для этого главную роль, несомненно, занимает выбор правильной жизненной позиции и здорового образа жизни, и соблюдение требований бытовой культуры».

Рациональность питания, прежде всего, определяется правильным выбором продуктов питания и от времени и способа их приёма. Особое значение имеет наличие в рационе всех необходимых как макро-, так и микронутриентов в оптимальном количестве и соотношении, от чего зависит нормальное протекание всех жизненных процессов [3, 4,5].

На основании вышеизлоенного мы провели изучение питания 60 преподавателей в возрасте 30-39 лет, работающих в Касанском промышленном колледже, расположенном в Касанском районе Кашкадарьинской области Убектстана. В исследовании приняли участие мужчины и женщины, проживающие в равных климатических условиях. Их рацион был изучен методом анкетирования [1]. Количественный и химический состав пищи определялся с использованием специальных таблиц [2].

Полученные результаты приведены в нижеследующей таблице.

Таблица. Минеральный состав суточного рациона преподавателей

Минеральные вещества	Мужчины			Женщины		
	Норма*	Полученные результаты	%**	Норма*	Полученные результаты	%**
Кальций, мг	800	411,2	48,6	800	618,0	-2,7
Фосфор, мг	1200	1251,3	4,3	1200	1409,5	+17,4
Магний, мг	400	469,0	17,2	400	379,1	-5,3
Железо, мг	10	11,5	15,0	18	21,5	+19,4
Цинк, мг	15	10,2	32,0	15	9,25	-38,4
Йод, мг	0,15	0,09	40	0,15	0,099	-34,0

* - СанПиН № 0250 -08,Ташкент, 2008.

** - отличие полученных реультатов в процентах от нормативных показателей

Как видно из таблицы, в рационе мужчин значительно снижено относительно норме содержание Ca, Zn, и J, а у женщин – Zn и J.

Содержание других исследованных минеральных веществ в рационе питания мужчин и женщин было в пределах нормы. Незначительное повышение содержания в рационе относительно нормы можно было наблюдать для магния и железа у мужчин, фосфора и железа у женщин.

Результаты наших исследований показывают, что население исследованного региона недостаточно уделяет внимания увеличению разнообразия употребляемых в питании продуктов как растительного, так и животного происхождения.

Увеличение степени разнообразия продуктов питания, позволяющей улучшить нутриентный состав рациона питания, в том числе обогащения минерального состава пищи представляется возможным путем поднятия общей культуры питания, осведомленности широких слоёв населения в организации рационального питания. Результаты исследований указывают на необходимость проведения таких мер с уделением особого внимания на потребление микронутриентов, улучшение знаний об их источниках, особенностях их усвоения, последствиях их дефицита в организме и мерах его предупреждения.

Литература
1. Методические рекомендации по вопросам изучения фактического питания и состояния здоровья населения в связи с характером питания/ Зайченко А.И., Волгарев М.Н., Бондарев Г.И и др.-Москва, 1986.-86 с.
2. Химический состав пищевих продуктов. Справочные таблици содержания основних пищевих веществ и энергетической ценности пищевих продуктов. (под. ред. И.М.Скурихина и М.Н. Волгарёва). М., Кн:1, 1987, стр. 224.
3. Тутелян В.А., Спиричев В.Б., Суханов Б.П., Кудашева В. Н. Микронутриенты в питании здорового и больного человека.-М.: Колос, 2002.-423 с.51.
4. Смоляр В.И. Рациональное питание. Киев: Наукова Думка, 1991. 365 с.
5. Среднесуточные рациональные нормы потребления пищевых продуктов по половозрастным, профессиональным группам населения Узбекистана. СанПиН № 0105-01.- Ташкент. – 2001. – 10 с.
6. Қурбонов Ш.Қ., Рахматуллаев Ё.Ш. Микронутриентлар ва соғлом авлод, "Соғлом авлод учун", 2010 йил, 11-сон, 24-27 б.
7. Қурбонов Ш., Қурбонов А. Тўғри овқатланиш қоидалари. Тошкент, 2014.

Уалиева Римма Мейрамовна
магистр естественных наук,
докторант 2-го курса обучения специальности «Биология»
Ахметов Канат Комбарович
д.б.н., профессор,
декан факультета Химических технологий и естествознаний

Павлодарский государственный университет имени С. Торайгырова

**Способы адаптации трематод
к паразитическому образу жизни**

В настоящее время на нашей планете насчитывают приблизительно 65 млн живых организмов, начиная от прокариот и заканчивая многоклеточными эукариотами [1]. Из этого огромного количества организмов, по данным Шульца Р. С. [2], 31 млн составляют паразитические формы существования. Среди них выделяют высокоспециализированный класс паразитических червей Trematoda, относящихся к типу Plathelmintes. По данным Догеля В. А. [3], в мировой фауне трематод насчитывается более 4000 видов, при этом учеными каждый год регистрируются все новые виды. На сегодняшний день, по данным Курочкина Ю. В. [4], их количество достигает до 15–30 тыс. видов.

Среди трематод имеется большое количество возбудителей опасных заболеваний, как человека, так и домашних животных. Данное обстоятельство является причиной развития прикладной трематодологии, связанной с разработкой в первую очередь медико-ветеринарных проблем. С другой стороны, трематоды с их уникальным жизненным циклом – это объект исследований, имеющий общезоологическую и общебиологическую направленность.

Трематоды ведут исключительно паразитический образ жизни, являясь эндопаразитами. Взрослые (половозрелые) трематоды – это, как правило, гермафродитные организмы, которые называются маритой. Раздельнополыми являются лишь представители семейства Schistosomatidae [3].

Характер воздействия паразита на организм хозяина зависит от ряда условий: с одной стороны, от вида паразита, его морфо-физиологических особенностей и вирулентности, а с другой стороны, от видовой специфики хозяина, высоты его организации, локализации паразита в определенных клетках, тканях и органах, а также от того, насколько быстро хозяин реагирует на воздействие паразита.

Большинство известных на сегодняшний день исследований плоских червей, в том числе и представителей класса трематод, сделано по данным гистологических и гистохимических методов. Эти способы предполагают использование для наблюдения светооптических микроскопов. Разрешающая способность светового микроскопа не достаточна для обсуждения морфологической организации и выяснения функционального назначения структур и их роли в обеспечении отдельных физиологических функций.

Структура поверхноси трематод оставалась загадочной, пока электронно-микроскопические исследования Threadgold L.°T. [5] не разъяснили его уникальную синцитиальную организацию.

Наружная часть тегумента, представляющая собой безъядерный синцитий, покрыта уплотненной плазматической мембраной и сильно изрезана с поверхности. Под мембраной располагается зона цитоплазмы, в которой находятся вакуоли, разного рода гранулы и митохондрии. Наружная часть тегумента подстилается снизу тонкой базальной мембраной, прерывающейся проходящими через нее во внутреннюю часть тегумента выростами цитоплазмы. Внутренняя часть тегумента представлена участками цитоплазмы с ядрами, которые раньше принимали за грушевидные клетки погруженного эпителия. В наружном участке тегумента располагаются кутикулярные шипики, покрытые снаружи тонким слоем цитоплазмы. Под базальной мембраной, в бесструктурном межклеточном веществе, располагаются слои продольных и кольцевых мышц [5].

Имеющиеся на сегодняшний день литературные данные, говорят о том, что переход к паразитированию внутри хозяина напрямую связан с формированием синцитиальной структуры наружной части тегумента. Паразит на всей поверхности ограничен непрерывным цитоплазматическим слоем, который обеспечивает его физиологическую и функциональную активность [6]. Также известно, что тегумент способен к секреции [7,8,9]. Цитоплазматическая организация тегумента трематод обеспечивает активацию его обменных и регенерационных способностей в обновлении участвуют различные секреторные тела, поступающие из погруженной части эпителия [10,11].

Условия паразитирования откладывают отпечатки на морфологические особенности структур тегумента. Именно переход к паразитизму сопровождается определенным развитием базальной мембраны цитоплазматического пласта и базальной подстилки. В месте паразитирования гельминта с агрессивной средой обитания, как печень, кишечник и т. п. сопровождается развитием поверхностных структур тегумента (цитоплазматического слоя), а наличие активных сокращений стенок органов в местах паразитирования способствует у плоских червей и (в том числе у трематод) развитию базальной пластинки. Однако от этого обстоятельства могут быть и отступления, которые оправданы в зонах покровных систем, связанных с органами прикрепления, в частности с присосками [12].

Анализ литературных данных относительно особенностей структурной организации кожно-мускульного мешка трематод свидетельствует о том, что его строение, в том числе и строение базальной мембраны, а также структур, связанных с ними в достаточной степени вариабельны, и определяются особенностями локализации паразитов в организме хозяина [5,13,14]. Отсутствие сколько-нибудь серьезных механических воздействий на сосальщиков обуславливает деградацию слоев тегумента, противостоящих этим воздействиям: мускульные элементы, базальная пластинка. Отсутствие активных химических агентов в месте обитания паразита вызывает утончение цитоплазматического слоя.

Покровные ткани ряда видов трематод приобретают способность к пристеночному пищеварению. Оно реализуется мембраннокаликсным комплексом наружной цитоплазматической мембраны поверхностного синцития и ее гликокаликсом. Согласно многим литературным источникам существует немало фактов о способности тегумента трематод к выделению экзосекрета, который способствует разрушению тканей органов хозяина в местах контакта [8]. А это является подтверждением способности секретов тегумента к гидролизу тканей органов локализации, что является одной из функций пищеварительной системы. Кроме того, для тегументальных покровов характерен транспорт разнообразных органических соединений.

Примером участия покровов трематод в пищеварении можно привести представителя класса Trematoda, относящихся к Strigeida. У представителей данного класса, наряду с хорошо функционирующей пищеварительной системой, имеется орган Брандеса. Участие этого органа в процессах пищеварения доказана работами Lee D. L., Erasmus D. A., Ohman C. [6,15]. Орган Брандеса выполняет пищеварительные функции благодаря наличию железистых клеток, содержащие большое количество литических ферментов.

Таким образом, у трематод тегументальное пищеварение сосуществует наряду с кишечным. Трематоды стадии мариты имеют пищеварительную систему.

Развитие и появление такой формы тегументального пищеварения при имеющейся возможности обеспечения питания уже сформированной и хорошо функционирующей пищеварительной системой объясняется тем, что тегументальное пищеварение у паразитов обеспечивает, прежде всего защитную, а не трофическую функцию [16]. Подобная возможность объясняется фактами участия гидролитических ферментов в

45

лизисе клеток хозяина и разрешения белковых компонентов, обеспечивающих иммунную реакцию хозяина [17].

Большой интерес представляет изучение пищеварительной системы трематод, локализация которых связана с разными эндостациями и гостальными биотопами. Так, электронно-микроскопические исследования Ахметова К. К. показали [18], что у трематод, локализующихся в органах дыхания, мочевом пузыре, фабрициевой сумке птиц и питающиеся тканями, формируются электронно-плотные секреторные тела и небольшое количество пищеварительных вакуолей. Паразиты кровеносного русла также имеют небольшое количество пищеварительных вакуолей и имеют небольшую мощность эпителия. Для гастротрематод, за исключением представителей подотряда Strigeata, питающихся тканями и заглатывающих содержимое кишечника, характерны электронно-плотные секреторные гранулы и пищеварительные вакуоли. У представителей подотряда Strigeata имеется особый орган Брандеса, секреторные гранулы средней электронной плотности, пищеварительные вакуоли хорошо развиты.

Маниковская Н. С. исследовала пищеварительную систему трематод, паразитирующих в пределах одной системы: желудочно-кишечный тракт хозяина [19]. Но, не смотря на идентичное место локализации, у исследованных трематод отмечены индивидуальные морфофункциональные особенности, обусловленные экофакторами эндостации гельминтов, а также трофической специализацией их дефинитивных хозяев. Так, еще в 1959 г. Ошмарин П. Г. указывал на неоднородность пищеварительной системы хозяина в различных ее участках как среды обитания, что «вынуждает» паразита приспосабливаться к конкретным условиям [20].

Так как, условия места локализации паразита в организме хозяина имеют отличительные особенности, соответственно это оставляет отпечаток на структурной организации трематод. Одни эндостации червей характеризуются доступным питательным материалом, другие не отличаются такой особенностью. Не маловажное значение имеет и видовая морфологическая характеристика гельминта. Малые размеры тела, простое строение ветвей кишечника, наличие или отсутствие органа Брандеса компенсируются количеством микроворсинок, разнообразием секреторных клеток, количеством пищеварительных вакуолей. Таким образом, наблюдаются адаптационные приспособления в строение пищеварительной системы к условиям мест паразитирования.

С паразитическим образом жизни трематод связано и то, что все они, за очень немногими исключениями, гермафродиты, т. е. обоеполые организмы. Данное обстоятельство помогает паразитам без особого труда оставить после себя большое потомство [3].

Колоссальная плодовитость – еще одно из важнейших приспособлений к паразитическому образу жизни у трематод, как и у других гельминтов, явление, которое обеспечивает им большие возможности расселения по своим хозяевам [21].

Все системы сосальщиков, а особенно органы непосредственного контакта с организмом хозяина проявляют высокую степень адаптированности к условиям органа локализации. В первую очередь к таким системам относятся покровная ткань и пищеварительная система.

Литература

1 Ройтман В. А., Беэр С. А. Паразитизм как форма симбиотических отношений. – М. : КМК, 2008. – 310 с.

2 Шульц Р. С. Паразитизм и его эволюция // Доклады на чтении памяти Е. Н. Павловского. – Алма-Ата, 1967. – С. 3–9.

3 Догель В. А. Общая паразитология. – М. : МГУ Учпедгиз, 1968. – 371 с.

4°Курочкин Ю.°В. Прикладные и научные аспекты морской паразитологии. Биологические основы рыбоводства : паразиты и болезни рыб. – М. : Наука, 1990. – С. 180–188.

5 Threadgold L. T. An electron microscope study of the tegument and associated structures of Fasciola hepatica. – Q. J. Microsc. Sci. – P. 504–512.

6 Lee D. L. Studies on the function of the pseudosuckers and holdfast organ of Diplostomum phoxini Faust // Parasitology. – 1962. – № 52. – P. 103–112.

7 Шульц Р.°С., Гвоздев Е. В. Основы общей гельминтологии. – Т. 1. – М. : Наука, 1970. – 491 с.

8 Краснощеков Г. П. // Паразитология. – 1989. – Т. 23. – № 6. – 504 с.

9 Morris G. P., Threagold L. T. Ultrastructure of the tegument of adult Schistosoma mansoni // Y. of Parazitol. – 1968. – № 54. – P. 15–27.

10 Leitch B., Probert A. Y., Runham N. W. The ultrastructural of the tegument of adult Schistosoma haemathobium // Parasitol. – 1984. – № 89. – P. 71–78.

11 Fuyino T., Chol D. Surface ultrastructure of the tegument of Clonorchis sinensis and adult worms // Y. Parasitol. – 1979. – Vol. 65. – № 4. – P. 579–590.

12 Rees G., Williams H. H. The functional morphology of the scolex and genitalia Acanthobotrium coronatum // Parasitology. – 1979. – Vol. 55. – № 5. – P. 617–651.

13.Чубрик Т.°К. Морфофункциональные приспособления у гермафродитного поколения трематод к паразитическому образу жизни в окончательных хозяевах // Паразитология. – 1982. – № 1. – С. 53–61.

14 Марасаев С. Ф. Строение кожно-мускульного мешка шести видов трематод отряда Plagiorchida // Тр. АН. СССР. Исследования биологии и физиологии гидробионтов. – 1983. – С. 114–120.

15 Erasmus D. A., Ohman C. The structure and function of the adhesive organ in strigeid trematodes // Ann. N.Y. Acad. Sci. – 1963. – № 113. – P. 4–35.

16 Краснощеков Г. П. Морфофункциональные аспекты паразитогенеза Metazoa // Успехи современной биологии. – 1994. – Т. 114. – Вып. 5. – С. 528–538.

17 Lightowlers M. W., Richard M. D. // Parasitology. – 1988. – Vol. 96. – № 2. – P. 12–13.

18 Ахметов К. К. Функциональная морфология кожно-мускульного мешка и пищеварительной системы трематод различных таксономических и экологических групп : Автореф. док. дисс. – Павлодар, 2004. – 292 с.

19 Маниковская Н. С. Сравнительная характеристика пищеварительной системы трематод, паразитирующих в разных отделах желудочно-кишечного тракта хозяина // Медико-биол. проблемы : Сб. науч. трудов. – Кемерово-Москва, 2003. – Вып. 11. – С. 42–45.

20 Ошмарин П. Г. К изучению специфической биологии гельминтов. – Владивосток : АН СССР, 1959. – 111 с.

21 Энциклопедия «Жизнь животных». – Т. 1. – М. : Просвещение, 1968. – С. 348–367.

Назаров Х.Т[1]., Хурсанов Д.Б[2]., Эшкувватов Б.Б[3].,
Юсупова К.У[4]., Суюнов С.С[5]., Абдукодирова Х[6]
[1]к.б.н., доцент, [2]ассистент, [3]ассистент, [4]ассистент,
[5]магистр, [6]студентка
Самаркандский государственный университет
факультет естественных наук

ПРИМЕРЫ ИСПОЛЬЗОВАНИЯ РЕКРЕАЦИОННЫХ РЕСУРСОВ ОАЗИСА ЗАРАФШАН

Annotation: An article about the scientific study of recreational resources and tourist sites of the Middle Zarafshan has a scientific and practical value for mapping and further reasonable to the them relating to the protection of nature.

Согласно историческим источникам оазис Зарафшан является одним из очагов человеческой цивилизации через его территорию проходил «Великий Шелковый Путъ» объединявшей Европу и Азию. Было развито ремесло, торговля, культурные и политические отношения. Расположение оазиса Зарафшан на стыке «Великого Шелкового Пути» способствовало сотрудничеству с другими странами в области социально - экономических, политических, а также развитию торговых, духовно - просветительских связей, что привело к образованию крупных городов.

Хорошие природные условия и гостеприимность местных жителей с давних времён привлекало путишественников, что способствовало установлению экономических, политических и культурных связей.

Интерес к оазису Зарафшан, который возник с давних времён, помог собрать культурные, этнографические и исторические сведения и сохранить их до наших дней.

В данное время отсутствие на некоторых отдельных территориях республики рекреационных карт затрудняет получение точных данных о существующих рекреационных объектах. В связи с этим необходимо создать на этих территориях рекреационные карты и создать карту-схему туристических объектов. Это в свою очередь поможет облегчить кратковременный отдых среди листного населения и туристов.

Изучение данной проблемы с научной точки зрения и создание карт-схем является одной из главных задач современного времени.

Долина Зарафшон, одно из оживлённых мест «Великого Шёлкового Пути», через который проходил маршрутный путь «Самарканд-Бухара и Самарканд-Шахрисабз», на который за несколько километров велекио туристов наличием прилестных природных, исторических и культурных памятников.

Необходимо указать все центры отдыха и туристические объекты в картах различного масштаба, это позволит подробно описать экономическую, научную и практическую значимость. Для этого необходимо выполнить следующее:

1) Классифицировать рекреационные объекты, указать каждый объект на карте цветными снимками.

2) Определить в горних территориях наличие зон отдыха у реки и определи количество мест отдыхающих. Для этого необходимо выбрать какое - нибудь определенное место изучить природу, хозяйственную пригодность, узнать подробно о местных жителях и указать в более широком масштабе рекреационные возможности данной реки.

3) Описать создать карты ландшафтов местности.

4) Подробно изобразить на карте маршруты архитектурных, исторических и ценных природных памятников.

5) Лечебные источники (Кутирбулок, Нагорный, Олтинсой, Кушогоч и др.), каменные петроглиары (Сармишсой, Омонкутон и др.), исторические города у дороги (Варганзи, Варданзи), лесное хозяйство Шофиркон, Каттакурганский, Окдарыинский, Каратепенский, Тусинсой, Тудакул, Куйимзор, Денгизкул-водоемы и другие возможности рекреационных объектов.

Созданные рекреационные и туристические карты, различные туристические схемы, дорожные маршруты, буклеты, цветные фотографии оазиса Зарафшан могут быть изданы в большом объеме и применены в различных заинтересованных предприятиях, туристических центрах и применять на уроках в высших учебных заведениях и применяться в процессе обучения.

Оазис Зарафшан имеет великую историю памятников, тем самым привлекает путешественников. Также отмечается наличием многих природных рекреационных ресурсов.

Изучение рекреационных ресурсов и туристических объектов домены Зарафшан является актуальной научной задачей и её решение играет важную роль в научно-практической и экономической сфере, обеспечивая жителем и туристам удобны условия проведения отдыха, тем Самым способствует притоку вамоты и повышению экономики республики.

Также необходимо уделить особое внимание сохранению окружающей среды домены Зарафшан и сохранению её природы. Выше перечисленные мероприятия помогут обеспечить местным жителям и туристам полезное время препровождение и повышение экономики играет важную роль в проведении этих мероприятий.

Литература
1. Назаров Х.Т., Эшкувватов Б.Б., Хурсандов Д.Б., Облокулов А.А Зарафшон водийсида туризмни ривожлантиришнинг масалалари. Тошкент, 2015 йил 20-май.
2. Назаров Х.Т., Давронов К.Қ.,Эшкувватов Б.Б., Облокулов А.А.,Хурсандов Д.Б. Зарафшон воҳаси туристик ва рекреацион карталарини тузишни илмий-амалий аҳамияти. Бухоро, 2015 йил 4-5 июн.
3. Назаров Х.Т., Эшкувватов Б.Б.Зарафшон воҳасида тўкай ландшафтларини муҳофаза қилиш масалалари. Тошкент, 2015 йил 20-май.
4. Абдулкасимов А. Проблемы изучения межгорно котлованных ландшафтов Средней Азии. Ташкент, Фан. 1982 г.
5. Бахритдинов Б.А.- Уникальные памятники природы Узбекистана Автореф. дис. док. геогр. наук.- Т.:1985 г.
6. Бахритдинов Б.А., Тетюхен Г.Ф. -Уникальные объекты нежывой природы. Т.: "Фан" 1990 г.

Ошмарина М.А.
аспирант кафедры физической географии и ландшафтной экологии
«Саратовского национального исследовательского государственного
университета имени Н.Г. Чернышевского», г. Саратов, Россия

Исследование экологического состояния древесной растительности общего пользования (на примере скверов у ДК «Рубин» и имени Н.М. Тулайкова города Саратова)

Согласно Стратегии развития Саратовской области до 2025 г., в сфере воссоздания и сохранения окружающей среды, благоприятной для жизнедеятельности человека необходимо:

– снижение экологических рисков для здоровья населения;

– оценка и ликвидация накопленного экологического ущерба;

– реабилитация зон экологического неблагополучия;

– проведение реконструкции населенных пунктов и промышленных зон в целях создания на этой основе благоприятной среды обитания;

– сохранение природных систем, поддержание их целостности и жизнеобеспечивающих функций [1].

Весомый вклад в формирование экологически благоприятной обстановки городской территории, служит уровень озеленения и экологическое состояние зеленых насаждений. Растения выполняют санитарно-гигиенические, микроклиматические, шумозащитны, эстетические функции, являются неотъемлемым элементом, формирующим качество окружающей среды [2].

В данном сообщении ставилась цель: исследовать экологическое состояние древесной растительности общего пользования на примере скверов города Саратова.

В качестве объекта изучения были выбраны сквер у ДК «Рубин» (площадь – 3,4 га), который расположенный между улицами Жуковского, Высокой и Планерной (Кировский район г. Саратова), и сквер имени Н.М. Тулайкова (площадь – 0,5 га), расположенный на улице Тулайкова (Ленинский район г. Саратова).

Таблица 1 – Экологическое состояние деревьев в сквере у ДК «Рубин» (сентябрь, 2015)

Название таксона	Количество деревьев		Категория состояния[1]							
			1 категория		2 категория		3 категория		4 категория	
	штук	%	штук	%	штук	%	штук	%	штук	%
Берёза бородавчатая (Betula pendula)	37	15,8	9	15,7	20	15,5	7	19,5	1	9,0
Вяз гладкий (Ulmus laevis)	2	0,8	1	1,7	1	0,7				
Вяз мелколистный (Ulmus parvifolia)	123	52,7	21	36,8	82	63,5	16	44,5	4	36,3
Ель обыкновенная (Picea abies)	13	5,5	2	3,5	6	5,0	4	11,2	1	9,0
Ива вавилонская (Salix babylonica)	4	1,7	1	1,7	3	2,3				
Каштан конский (Aesculus hippocastanum)	6	2,5	4	6,8	2	1,5				
Лиственница (Larix)	1	0,4	1	1,7						
Тополь пира- мидальный (Populus pyramidalis)	21	9,0	7	12,9	6	4,6	5	13,8	3	27,7
Тополь гибридный (Populus x canadensis)	14	6,0	3	5,2	7	5,4	2	5,5	2	18,0
Ясень обыкновенный (Fraxinus excelsior)	12	5,5	8	14,0	2	1,5	2	5,5		
Всего:	233	100	57	100	129	100	36	100	11	100

[1]Примечание: 1 категория - без признаков ослабления, 2 категория - ослабленное, 3 категория - сильно ослабленное, 4 категория – усыхающее [3].

В сквере у ДК «Рубин» было учтено 233 экземпляра древесной растительности, из них 53% экземпляров составляет вяз мелколистный (ulmus parvifolia) и 16% берёза бородавчатая

53

(betula pendula). Состав насаждений сквера формируют 10 видов деревьев, среди которых присутствуют местные виды (аборигены) и интродуценты. К аборигенам относятся: береза бородавчатая, вяз гладкий и ясень обыкновенный. Среди видов доминируют интродуценты – 182 экземпляра (78%), местные виды - 51 экземпляр (22%). Анализ обработанных данных обнаружил, что 79,8% экземпляров древесной растительности относятся к 1 и 2 категории состояния (виды без признаков ослабления и ослабленные).

Следовательно, почти 80% деревьев, произрастающих в сквере у ДК «Рубин», выполняют свои экологические функции. Такие насаждения улучшают микроклиматические условия, поглощают шум, способствуют очищению воздуха от пыли. Снижая скорость ветра, и усиливая вертикальные токи воздуха, растения уменьшают концентрацию находящейся в воздухе пыли, дыма и вредных газов [4].

В процессе исследования было определено экологическое состояние древесной растительности в сквере имени Н.М. Тулайкова (таблица 2). Состав насаждений сквера формируют 23 вида деревьев. Из них доминируют 4 вида: вяз гладкий (49 экз.), клен ясенелистный (42 экз.), дуб красный (25 экз.) и клен остролистный (20 экз.).

Таблица 2 – Экологическое состояние доминирующих видов деревьев в сквере имени Н.М. Тулайкова в г. Саратов (сентябрь, 2015 г.)

Категория состояния	Вяз гладкий (Ulmus laevis)	Клен ясенелистный (Acer negundo)	Дуб красный (Quercus rubra)	Клен остролистный (Acer platanoides)
1 категория				
число деревьев	39	27	9	9
доля от общего числа деревьев вида, %	79,6	64,3	36,0	45,0
2 категория				
число деревьев	8	14	16	6
доля от общего числа деревьев вида, %	16,3	33,3	64	30,0
3 категория				
число деревьев	2	1	–	5
доля от общего числа деревьев вида, %	4,1	2,4	–	25,0
Всего деревьев	49	42	25	20

Наибольшим долевым участием представлен вяз гладкий, при этом 79,6% данного вида относится к растениям без признаков ослабления, 16,3% – к ослабленным растениям, 4,1% – к 3сильно ослабленным растениям.

Менее половины экземпляров клена остролистного (45%) относятся к 1-й категории состояния, ко 2-й категории – 30,0%, соответственно, к 3-ей категории состояния – 25%.

Вяз гладкий и клен ясенелистный отличаются несколько лучшим состоянием, чем предыдущие виды: более половины экземпляров вяза гладкого (79,6%) и клена ясенелистного (64,3%) относится к 1-й категории состояния, ко 2-й категории – 16,3% и 33,3%, к 3-ей категории – 4,1% и 2,4%.

Таким образом, 64,3% клена ясенелистного, 36,0% дуба красного, 79,6% вяза гладкого и 45,0% клена остролистного относятся к 1-й категории состояния. Суммарно они охватывают 47,2% от общего количества деревьев на исследуемом участке [5].

Таблица 3 – Состояние деревьев в зеленых насаждениях общего пользования Саратова (на примере скверов у ДК «Рубин» и им. Н.М. Тулайкова, сентябрь 2015 г.)

Название растения	Доля деревьев, с учтённой категорией состояния,%							
	1	2	3	4	1	2	3	4
	Участок № 1 сквер у ДК «Рубин»				Участок № 2 сквер имени Тулайкова			
Береза бородавчатая	15,7	15,5	19,5	9,0	8,3	16,7	75,0	–
Вяз гладкий	1,7	0,7	–	–	29,6	16,3	4,1	–
Каштан конский	6,8	1,5	–	–	31,7	8,3	–	–
Ясень обыкновенный	14,0	1,5	5,5	–	–	45,0	25,0	–

В целом, сравнивая древесный ярус в сквере у ДК «Рубин» и им. Н.М. Тулайкова, можно отметить следующее:

– в сквере у ДК «Рубин» состав насаждений формируют 10 видов, в сквере им. Н.М. Тулайкова – 23 вида;

– на участке №1 на интродуценты приходится 78% видов, на участке №2 – 69,6%;

– на участке №1 без признаков ослабления находятся 79,8% деревьев, на участке №2 к этой группе состояния относится 62,8% деревьев;

– из четырех видов растений, произрастающих в сквере у ДК «Рубин» и им. Тулайкова, в хорошем состоянии находятся береза бородавчатая (24%), вяз гладкий (31,3%) и каштан конский (38,5%)

Для увеличения доли видов древесной растительности 1 и 2 категории состояния, необходимо провести ряд мероприятий по оптимизации и экологическому оздоровление среды. Например, добавить в насаждения виды наиболее устойчивые к загрязнению воздушного бассейна: клён ясенелистный, иву белую, тополь канадский, дуб черешчатый, бузину красную; обрабатывать растения от вредителей и удалять из насаждений сухостой и сильно повреждённые деревья.

Литература

1. Об утверждении Стратегии социально-экономического развития Саратовской области до 2025 года. URL: www.mincult.saratov.gov.ru/ files/Low/S2025 (дата обращения: 02.02.2016).

2. Кириллов С.Н., Половинкина Ю.С. Оценка состояния зеленых насаждений общего пользования г. Волгограда. Вестн. Волгогр. гос. ун-та. Сер. 11, Естеств. науки. 2013. № 1– С. 29-24. ISSN 2306-4153

3. Методика оценки экологического состояния зеленых насаждений общего пользования Санкт-Петербурга: Приложение к распоряжению Комитета по природопользованию, охране окружающей среды и обеспечению экологической безопасности от 30.08.2007 № 90-р. URL: http://www.bestpravo.ru/leningradskaya/xg-postanovlenija.htm (дата обращения: 05.09.2015).

4. Ерохина В.И. Озеленение населенных мест / В.И. Ерохина. – Л., 1979 – 100 с.

5. Татару В.М., Басамыкин С.С., Ошмарина М.А. Исследование эколого-эстетического состояния древесно-кустарниковой растительности сквера имени Н.М. Тулайкова (г. Саратов). Научная интеграция. Сборник научных трудов. [Электронный ресурс]. – М.: Издательство «Перо», 2016. – С. 557-563. ISBN 978-5-906847-52-2

[1]Savvaitov A. S., [2]Konshin G. I.
1PhD, senior research associate, Moscow, Russia,
e-mail: mos_sav@mail.ru
2PhD, Latvia, Riga, e-mail: gkonshin77@gmail.com

ABOUT GROUNDLESSNESS OF NEW STRATIGRAPHY FOR PLEISTOCENE SEDIMENTS SEQUENCE IN WESTERNMOST KURZEME OF LATVIA, SOUTHEASTERN BALTIC COASTAL AREA

Abstract: A new concept about a stratigraphy of Pleistocene cover in westernmost Kurzeme radically changes the idea on the age positions of distributed here sediments sequence which earlier was attributed to a Middle Pleistocene [12]. However, the authors of this concept don't take into account priority of the biostratigraphic records which characterize and define the age of the intertill thick widespread in this area. The valid biostratigraphic records in principle contradict the offered new concept about stratigraphy of the Pleistocene cover in westernmost Kurzeme.

Several years ago a new concept on a stratigraphy of the Pleistocene sediments sequence in westernmost Kurzeme has been published by Saks et al. [12]. Based on the optically stimulated luminescence (OSL) dating results from basin sediments exposing at the coastal bluffs of the Baltic Sea Saks et al. have been reinterpreted the stratigraphic units of distributed here the Pleistocene cover. These sediments are of interest and have high relevance as a stratotype sequence for an identification of stratigraphic and palaeogeographic glacial and nonglacial events for a Middle Pleistocene not only to westernmost Kurzeme, but also to the neighboring Baltic regions. The distributed here a thick of marine intertill sediments was accumulated in the Middle Pleistocene Palaeobaltic Sea (Ulmale Sea) [13] which has existed in the depression of the Baltic Sea. The pollen records characterizing the intertill sediments determine the real age underlying and overlying till beds. These are the causes of much attention to question about the reliability of new conception which revises the stratigraphy of the Pleistocene sediments sequence in westernmost Kurzeme.

The studies of Pleistocene in westernmost Kurzeme have a long history. The first detailed study of Pleistocene sediments in the coastal bluffs of the seaside Kurzeme along their length was made by Dreimanis in 1936 [9] and still has the important meaning for an insight of glaciotectonic effects and stratigraphic position exposing tills as well. Subsequently, Konshin, Savvaitov [2], Konshin et al. [3, 4] and Savvaitov et al. [6] have carried out in westernmost Kurzeme the special detailed researches, which on the basis of the found stratotype core (Ulmale 9) and others numerous test-drilling cores have revealed the internal structure and origin of the Pleistocene sequence overlie bedrock for the first time. These researches have established that the Pleistocene cover is presented there by the Elsterian (*ltž*) and Saalian (*kz*) tills separated by thick of intertill sediments. The obtained results have also indicated that the intertill thick was deposited during the stratigraphic and palaeogeographic episodes of Middle Pleistocene consistently replacing each other. Correlation of sections has shown that this structural association is clearly traced in westernmost Kurzeme. Danilāns [1] has named the thick of marine sediments as the Ulmale Thick (Formation) (*ulm*). Later the problems of biostratigrapy, spatial distribution and conditions of bedding of the intertill sediments and till beds became a subject of the detailed researches by Segliņš [7], Kalniņa [11] and Juškevičs et al. [10], which by data of the new drilling cores have generally confirmed the features of stratigraphy and origin of the Pleistocene sequence. Much attention was paid to study of intertill thick. Segliņš [7] has subdivided the intertill thick (Ulmale Thick) on three parts: Sudrabi Beds (*sd*) (Late Elsterian), Akmeņrags (*ak*) (Holshteinian) and Staldzene (*stl*) (Early Saalian) Formations. Staldzene part presents the considerable proportion among intertill sediments. All the above noted researches have grounded a real basis for the Pleistocene stratigraphy in westernmost Kurzeme. Fig. 1 illustrates the schematic structure of the Middle Pleistocene sediments sequence between Labrags and Ulmale in the coast of the Baltic Sea. The grey till observed here has been washed out in many places by the Baltic Ice Lake. The Weichselian till has been also washed out by activity of this Lateglacial basin.

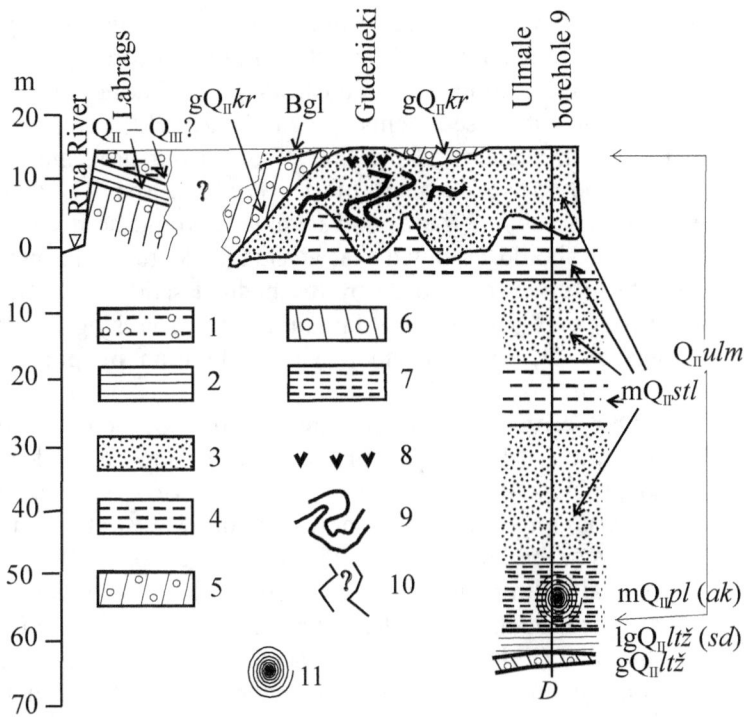

Fig. 1. Generalized scheme of the Middle Pleistocene sediments sequence between Labrags and Ulmale (Veinbergs and Savvaitov, field documentation, 1996–1998 years. The Lateglacial and Holocene sediments composing the upper part of section aren't demonstrated) [14]:
1 – sandy greenish grey diamicton (flowtill?), 2 – varved and varved like clays, 3 – sand, 4 – silt and silty clay, 5 – grey, bluish grey till, 6 – brown till, 7 – silt and sandy sediments accumulated under optimal marine conditions, 8 – beddings with peaty remains, 9 – glaciodislocations, 10 – zone with not clear structure, 11 – maximal quantities of marine microfauna; D – Devonian bedrock, $gQ_{II}ltž$ – Elsterian (Letīža) Glacial, $lglQ_{II}ltž(sd)$ – Late Elsterian (Late Letīža), Sudrabi glaciolacustraine Beds, $mQ_{II}pl(ak)$ – Holshteinian (Pulvernieki) Interglacial, Akmeņrags marine Formations, $mQ_{II}(stl)$ – Staldzene marine Formations, $Q_{II}ulm$ – Middle Pleistocene Ulmale intertil thick, $gQ_{II}kz$ – Saalian (Kurzeme) Glacial, Bgl – Baltic Ice Lake

Aspiration to date the glacial and nonglacial sediments at the top part of coastal bluffs by the application of OSL method authors doesn't discuss. Undoubtedly, the obtained data deserve attention. However, for more reliable conclusion about the age of dated sediments it would be useful and necessary to discuss together with other indicators, such as: the biostratigraphic records (pollen and plant macrofossil assemblage), radiocarbon (^{14}C) dating results from the organic bearing sediments (e.g. Gudenieki) as well as the thermoluminescence (TL) dating results from grey and bluish grey tills in the top of coastal bluffs. Besides, the TL dating results previously known at Zūras and Ulmale it would be necessary to note as well. It should be noted that at Gudenieki the outcropping part of the intertill thick composed by the bedded sandy formation with the layers of peaty sediments is favorable and promising for chronologic datings by ^{14}C method and age determination by pollen and plant macrofossil.

Our critical comments are mainly focused on the offered interpretation of buried part of Pleistocene. Here for understanding of raised problem it is necessary to consider two aspects. On the one hand, it is impossible to ignore the precise stratigraphic position sediments at the bottom of the Pleistocene sequence. Based mainly on the typical culmination of vegetation (pollen succession) the age of intertill sediments lying here was most certainly defined as the Holshteinian (Pulvernieki) Interglacial. These deposits containing the rich microfauna and diatom flora were accumulated in the marine conditions [2, 3, 4, 7, 11]. Both the brown limnoglacial varved-like clays (Sudrabi Bed) and till, the deposition of which have proceded to the Holshteinian Interglacial, most likely was happened in the Late Elsterian glaciolacustrine basin [7] and in the result of the Elsterian (Letīža) Glaciation, respectively. Despite it Saks et al. [12] attributed the age of this till to the Saalian (Kurzeme) Glaciation. On the other hand, the interrupted grey till lying in the middle part of thick basin by their opinion is attributed to a Middle Weichselian (Latvija) age. It is very doubtful that this till bed can be spread in some sections. Authors studying the sediments sequence in many boreholes (cores) located along shore did not find there such reliable till. Meirons [5] has also abstained from the establishing of this till and paid attention on the Lihvinian (Holshteinian) flora in the top part of marine intertill sediments. The list of plant macrofossil assemblage for this part of the intertill sediments was characterized by Ceriņa [8].

The above noted shows that the used arguments for the evidences of new conception contradict to valid biostratigraphic indicators. Therefore the listed comments give grounds for cautious relation to the assumed conclusions on the reinterpretation of the Pleistocene sediments sequence [12] in westernmost Kurzeme.

References

1. Даниланс, И. Я. Четвертичные отложения Латвии / И. Я. Даниланс. – Рига: Зинатне, 1973. – С. 312.

2. Коншин, Г. Морские плейстоценовые отложения в западной Курземе / Г. Коншин, А. Савваитов // Материалы научной конференции молодых геологов Белоруссии. – Минск: Инст. геологических наук, 1969. – С. 358–361.

3. Коншин, Г. И. Межморенные морские отложения западной Латвии и некоторые особенности их формирования / Г. И. Коншин, А. С. Савваитов, В. Я. Слободин // Вопросы четвертичной геологии, Т. V. – Рига: Зинатне, 1970. – С. 37–48.

4. Коншин, Г. Спорово-пыльцевые комплексы морских межморенных отложений западной Латвии / Г. Коншин, А. Савваитов, Я. Страуме // Палинологические исследования в Прибалтике. – Рига: Зинатне, 1971. – С. 43–49.

5. Мейронс, З. М. Стратиграфия плейстоценовых отложений Латвии / З. М. Мейронс // Исследование ледниковых образований Прибалтики. – Вильнюс, 1986. – С. 69–81.

6. Савваитов, А. С. Стратиграфия морских плейстоценовых отложений Латвийской ССР / А. С. Савваитов, И. Г. Вейнбергс, М. Я. Крукле // Морские межморенные отложения Латвии, отчет. – Рига: Геол. фонды. – С. 245.

7. Сеглиньш, В. Э. Стратиграфия плейстоцена Западной Латвии / В. Сеглиньш. Автореф. дисс. ... канд. геол.-минералог. наук. Академия наук Эстонской ССР, институт геологии. – Таллин, 1987. – 14 с.

8. Cerina A. Plant macrofossil assemblages in the Pleistocene deposits of Latvia / A. Cerina // Abstracts of the second Baltic stratigraphic conference. – Vilnius, 1993. – pp. 12–13.

9. Dreimanis A. Differences between upper and lower tills in Latvia / A. Dreimanis. Mag. Dissertation. – Riga: University of Latvia, 1936. – 169 p. (In Latvian)

10. Juškevičs V. Geological map of Latvia, scale 1:200000, sheets 31, 41, Liepaja, Ventspils / V. Juškevičs, S. Kondratjeva, A. Mūrnieks, S. Mūrniece // Explanatary note and maps. – Rīga: State geological survey, 1997, 1998. – 49, 48 p. (In Latvian)

11. Kalnina L. Middle and Late Pleistocene environmental changes recorded in the Latvian part of the Baltic Sea / L. Kalnina // Quaternaria, Ser. A: Theses and Research Papers No. 9, Stockholm University, 2001. – 173 p.

12. Saks T. OSL dating of Middle Weichselian age shallow basin sediments in Western Latvia, Eastern Baltic / T. Saks, A. Kalvans, V. Zelcs // Quaternary Science Reviews, 44. – 2012. – pp. 60–68.

13. Savvaitov A. Palaeobaltic Middle Pleistocene Ulmale Sea in Latvia / A. Savvaitov, I. Veinbergs // Baltica, Vol. 13. – 2000. – pp. 44–50.

14. Savvaitov A. Labrags – Ulmale / A. Savvaitov., I. Veinbergs, L. Kalniņa, A. Ceriņa, I. Jakubovska, V. Stelle // Environmental perspectives of sensitive southeastern Baltic coastal areas through time. Field guide in the coastal areas of Latvia. – Riga, 1998. – pp. 87–91.

SECTION V. Engineering (Технические науки)

Бадогина А.И., Третьяков С.И., Кутакова Н.А., Коптелова Е.Н.

Бадогина Алёна Игоревна аспирант кафедры химии и химических технологий Северного (Арктического) федерального университета имени М.В. Ломоносова.

Третьяков Сергей Иванович кандидат технических наук, профессор кафедры химии и химических технологий Северного (Арктического) федерального университета имени М.В. Ломоносова.

Кутакова Наталья Алексеевна кандидат технических наук, профессор кафедры химии и химических технологий Северного (Арктического) федерального университета имени М.В. Ломоносова.

Коптелова Елена Николаевна, кандидат технических наук, доцент кафедры химии и химических технологий Северного (Арктического) федерального университета имени М.В. Ломоносова.

ХАРАКТЕРИСТИКА БЕРЕЗОВОЙ КОРЫ И ПРОДУКТОВ ЕЕ ПЕРЕРАБОТКИ

Березовая кора состоит из внешнего слоя (бересты или корки) и внутреннего слоя (луба), которые значительно отличаются друг от друга своим химическим составом, потому что обладают различными функциями и строением [1]. Основными компонентами бересты являются биологически активные тритерпеноиды, среди которых преобладает бетулин [2], а также субериновые вещества, представляющие собой полиэфиры жирных кислот и гидроксикислот [3].

Луб березовой коры, составляющий основную часть березовой коры (около 80%) содержит водорастворимые вещества, наиболее ценными из которых являются танниды –

полифенольные соединения, обладающие дубящими свойствами [4]. Анализ состав бересты и луба березы по группам соединений представлен в таблице 1 [5].

Таблица 1. Состав березовой коры

Показатель	Исследуемый материал	
	Луб, %*	Береста, %**
Экстрагируемые этанолом	15,8	29-34
Экстрагируемые водой	19,3	0,7-0,8
Растворимые в 1 %-м NaOH	25,5	-
Суберин	1,4	38-39

* По материалам статьи «ИЗМЕНЕНИЕ ХИМИЧЕСКОГО СОСТАВА КОРКИ И ЛУБА БЕРЕЗЫ ПОВИСЛОЙ BETULA PENDULA ROTH. (BETULACEAE) ПО ВЫСОТЕ ДЕРЕВА» авт. Д.Н. Ведерников, Н.Ю. Шабанова, В.И. Рощин

** По материалам диссертации «ПОЛУЧЕНИЕ БЕТУЛИНОВОГО КОНЦЕНТРАТА ИЗ ТЕХНИЧЕСКОЙ БЕРЕСТЫ СПИРТОВОЙ ЭКСТРАКЦИЕЙ» авт. Коптелова Е.Н.

Корка состоит из пробковой ткани, которая защищает древесину от повреждений и действия высоких температур. Стенки клеток пробки тонкие и состоят из трех слоев. Внутренний слой состоит в основном из целлюлозы, наружный – это одревесневший, т. е. лигнифицированный, срединный слой, который содержит суберин. В стенках клеток пробковой ткани березы находится бетулин, который придает коре белый цвет.

В лубе различают клетки ситовидных трубок, паренхимные клетки, лубяные волокна и каменистые клетки. Ситовидные клетки служат магистралью для проведения жидкости и питательных веществ. Лубяные волокна и каменистые клетки являются механической тканью березовой коры. Паренхимные клетки составляют запасающие ткани [6].

Бересту и луб целесообразнее раздельно перерабатывать с получением продуктов, указанных в таблице 2 [7].

Установлена возможность использования бетулина для получения пленкообразователей, пластификаторов, поверхностно-активных и биологически активных веществ [3]. Бетулин и его производные, а также лупеол обладают целым рядом свойств, востребованных в медицине. Еще в 1899 г. Велер отметил антисептические свойства бетулина, его использовали для стерилизации пластырей и бинтов [3].

Таблица 2. Выход продуктов из 1 тонны березовой коры

Продукт	Источник	Выход, кг	Потребители
Бетулин	Береста	80-90	Фармацевтическая, косметическая, пищевая отрасли
Полифенолы	Луб	130-150	Производство дубителей, красителей, антиоксидантов, консервантов
Липиды	Луб	15-20	Медицина, производство косметики, кормовых добавок
Энтеросорбенты, биопрепараты, грунты, удобрения	Луб	450-500	Медицина, ветеринария, сельское хозяйство, рекреация парков и лесов

Применение новых биологически активных добавок на основе бетулина позволят расширить ассортимент и повысить биологическую ценность пищевых продуктов, придать им определенную направленность, а также изменить структуру потребления пищевых продуктов населением в соответствии с известными теориями сбалансированного и адекватного питания [8].

Полифенольные продукты из луба березы являются нетоксичными и биоразлагаемыми веществами, которые могут применяться для различных целей (например, как антиоксидантные реагенты, консерванты древесины, в составе покрытий, сополимеров, в качестве адгезионных и связующих материалов, пенополимеров, ионообменных материалов, флокулянтов для промышленной очистки воды, красок для текстиля, пищевых добавок и медицинских препаратов) [9]. Экстрагированные из коры танниды могут использоваться для борьбы с термитами и разрушающими древесину грибками [10].

В работе [11] показано, что энтеросорбент из проэкстрагированного луба березовой коры может использоваться в качестве эффективного и нетоксичного средства лечения и профилактики желудочно-кишечных инфекций в промышленном животноводстве, а также является перспективным препаратом для оздоровления животных при интоксикациях, связанных с окислительным стрессом, и для восстановления нормальной флоры кишечника.

Высокое содержание в лубе коры березы дубильных веществ [4,12], а также присутствие лейкоантоцианидинов [13] дает возможность отходы коры березы использовать для получения антоцианидиновых красителей, которые придают растениям, цветам, плодам различную окраску [14, 15].

Антоцианидиновые соединения обладают биологической активностью. В медицине используются нетоксичные фармакологические композиции на основе антоцианидинов, обладающие противовоспалительным, заживляющим и повышающим защитные свойства организма действием. Антоцианидиновые соединения широко применяются в качестве пищевых красителей [15].

Литература
1. Похило Н.Д., Уварова Н.И. Изопреноиды различных видов рода *Betula* // Химия природных соединений. 1988. Т. 3. С. 325–341.
2. Jaaskelainen P. Betulinol and its utilization // Papier ja Puu. 1981. V. 10. P. 599–603.
3. Кислицын А.Н. Экстрактивные вещества бересты: выделение, состав, свойства, применение // Химия древесины. 1994. Т. 3. С. 3–28.
4. Черняева Г. Н., Долгодворова С.Я., Бондаренко С.М. Экстрактивные вещества березы / Институт леса и древесины СО РАН / Красноярск, 1986. 125 с.
5. Бадогина А.И., Третьяков С.И., Кутакова Н.А., Коптелова Е.Н. Комплексная химическая переработка березовой коры / Новейшие исследования в современной науке: опыт, традиции, инновации: Сборник научных статей III Международной научно-практической конференции (28-29 апреля 2015 г., Москва). – North Charleston, SC, USA: CreateSpace, 2015. С. 55-58.
6. Ковернинский И.Н. Комплексная химическая переработка древесины: Учебник для вузов / И.Н. Ковернинский, В.И. Комаров, С.И. Третьяков, Н.И. Богданович, О.М. Соколов, Н.А. Кутакова, Л.И. Селянина, Е.В. Дьякова; под ред. проф. И.Н. Ковернинского. – 3-е изд., испр. и доп. – Архангельск: Изд-во Арханг. гос. техн. ун-та, 2006. – 374 с.
7. Третьяков С.И., Коптелова Е.Н., Кутакова Н.А., Владимирова Т.М., Богданович Н.И. Бетулин: получение, применение, контроль качества: монография / С.И Третьяков, Е.Н. Коптелова, Н.А. Кутакова, Т.М. Владимирова, Н.И. Богданович; Сев. (Арктич.) федер. ун-т им. М.В. Ломоносова. – Архангельск: САФУ, 2015. – 180 с.: ил. ISBN 978-5-261-01054-8
8. Пат. 2254032 РФ, С2 A23L1/30, A61K7/00, A61K35/78. Композиция биологически активных веществ / Стернин Ю.И., Юрченко И.В. № 2003126135/13, заявл. 14.08.2003. Опубл. 20.06.05. – Бюл. № 14. – 5 с.

9.Bruce A., Palfreyman John W. Forest Products Biotechnology. – Taylos & France, 1998. - 243 p.

10.Harum J., Labosky P. Plavonone from Douglas fir heartwood // Wood and Fiber Science. – 1985. V.17. – P. 327.

11.Кузнецова С.А., Щипко М.Л., Кузнецов Б.Н., Левданский В.А. и др. Получение и свойства энтеросорбентов из луба березовой коры // Химия растительного сырья. – 2004. – № 2. – С. 25-29.

12.Долгодворова С.Я., Черняева Г.Н. Дубильные вещества коры березы: Сб. тр. Института леса и древесины СО РАН СССР «Биологические ресурсы лесов Сибири» - Красноярск, 1980. – С. 72-80.

13.Бондаренко С.М., Долгодворова С.Я., Черняева Г.Н. Лейкоантоцианидины коры березы повислой // Изв. СО РАН СССР. Сер. хим. науки. – 1989. № 1. – С. 86-90.

14. Танчев С.С. Антоцианы в плодах и овощах. – М.: Пищевая пром-сть, 1980. – 304 с.

15. Ветчинкин А.Р. Естественные органические красящие вещества. – Саратов: Приволжское книжное издательство, 1966. – 250 с.

[1]Безумова А.В., [2]Коптелова Е.Н., [3]Кутакова Н.А., [4]Третьяков С.И.

[1]студент 4 курса ИЕНиТ;
[2]доцент каф. химии и химических технологий, к.т.н.;
[3]проф. каф. химии и химических технологий, к.т.н., доцент;
[4]проф. каф. химии и химических технологий, к.т.н., проф.;

Северный (Арктический) федеральный университет имени М.В. Ломоносова, Россия, г. Архангельск

ОПРЕДЕЛЕНИЕ БЕТУЛИНА И СУБЕРИНА, ВЫДЕЛЕННЫХ СВЧ-ЭКСТРАКЦИЕЙ ИЗ БЕРЕСТЫ

Береста (наружный слой коры березы) содержит до 40 % экстрактивных веществ, среди которых наибольшее значение имеют биологически активный тритерпеноид – бетулин, а также субериновые вещества (30-40 % от абсолютно сухой бересты (а.с.б.)). Последние представляют собой полиэфиры жирных кислот и гидроксикислот, широко применяются в составе лакокрасочных композиций и защитных покрытий [1].

Бетулин и суберин получали последовательным методом. Важным отличием от стандартных способов получения конечных продуктов является то, что процесс проводили с использованием СВЧ-энергии, которая значительно сокращает продолжительность процесса.

На первой стадии выделяли бетулин – спиртовой экстракцией (продолжительность 10 мин) с дальнейшим его осаждением горячей водой из частично упаренного экстракта; выход бетулина составил 22 … 25 % от а. с. б. На второй стадии получали суберин – щелочным гидролизом водным раствором КОН (продолжительность 25 мин), с последующим подкислением и промывкой водой до нейтральной реакции среды; выход суберина – 26…30 % от а. с. б.

Исследование экстрактов, полученных при оптимальных условиях на первой стадии, проведено методом ВЭЖХ на базе ЦКП «Арктика» САФУ. В составе экстрактивов бересты преобладающий компонент – бетулин (66 … 90 %), сопутствующий – лупеол (8 … 9 %), который также проявляет свойства БАВ. В качестве стандартных образцов использовались коммерчески доступные препараты бетулина (не менее 98 %, Aldrich) и лупеола (не менее 90 %, Anal. std., Fluka) без дополнительной очистки.

Состав экстрактивов бересты приведен в табл.1.

Таблица 1 – Содержание бетулина и лупеола,
% по массе от экстрактива

Экстрактив	Бетулин	Лупеол
Бетулин-сырец	$66,6 \pm 5,4$	$8,2 \pm 0,7$
Экстрактивные вещества	$70,0 \pm 5,6$	$9,3 \pm 0,7$
Очищенный бетулин	$90,5 \pm 6,8$	$9,4 \pm 0,8$

Примечание: Анализы выполнены в 3-х повторностях для 3-х параллельных опытов. Приведены средние арифметические значения.

Идентификация компонентов проведена методами ИК-спектроскопии, ЯМР H[1] и ГХ/МС с использованием библиотеки масс-спектров NIST 2008 (индекс сходства с табличными спектрами превышал 90 %). Основным ионом, совпадающим с мольной массой бетулина, является m/z 442 (рис. 1). Идентифицирующим фрагментом, который получается при отщеплении спиртовой группы в положении 28, является фрагмент m/z 411. Характер фрагментации исследуемого вещества (m/z 55, 69, 81, 95, 107, 135, 161, 175, 189, 234) свидетельствует о принадлежности данного соединения к лупановому ряду тритерпенов, к которому относится бетулин. Аналогичная идентификация второго компонента показала, что это лупеол – спутник бетулина [2].

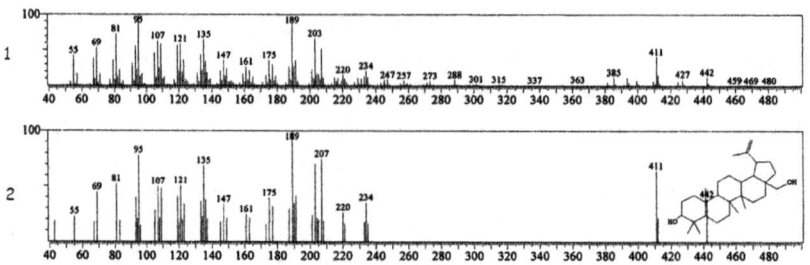

Рисунок 1 – Идентификация бетулина с базой данных библиотеки масс-спектров: 1- спектр ЕИ исследованного образца, 2 – спектр ЕИ бетулина согласно базе NIST 2008

Бетулин и лупеол, выделенные при СВЧ-экстракции бересты, представляют интерес для фармацевтической и пищевой промышленности; при очистке методом перекристаллизации из этилового спирта получен продукт с суммарным содержанием ценных компонентов около 100 % (табл.1).

Для идентификации суберина, выделенного в СВЧ-поле на второй стадии, использовали ИК-спектроскопию и газовую хроматомасс-спектрометрию. По характерным полосам поглощения, полученным на ИК-спектре, можно говорить о наличии всех заместителей, характерных для суберина (спектр приведен на рис. 2).

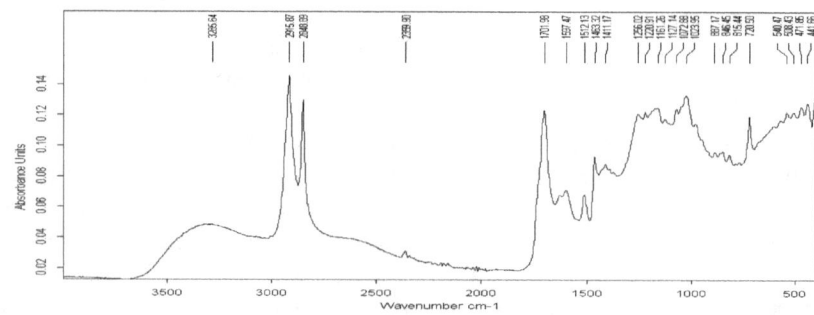

Рисунок 2 – ИК-спектр образца суберина, полученного в СВЧ-поле

Пример хроматограммы суберина (после метилирования) и результаты идентификации входящих в него соединений с использованием библиотек масс-спектров NIST-11 и Wiley-9 представлены на рис. 3.

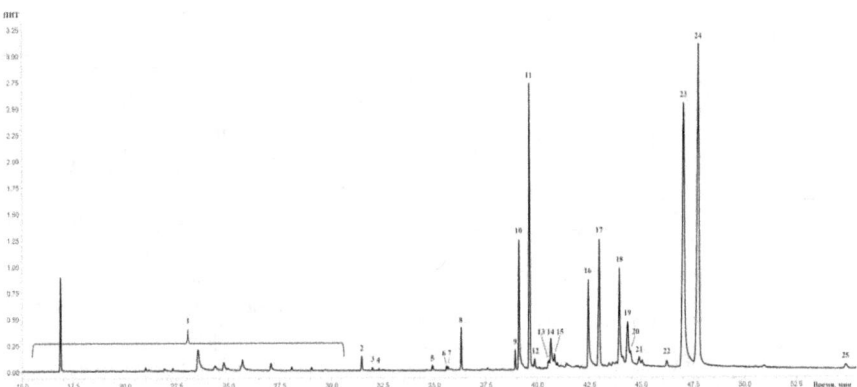

Рисунок 3 – Хроматограмма образца суберина, полученная методом газовой хроматомасс-спектрометрии

Предполагаемая структура суберина приведена на рис. 4.

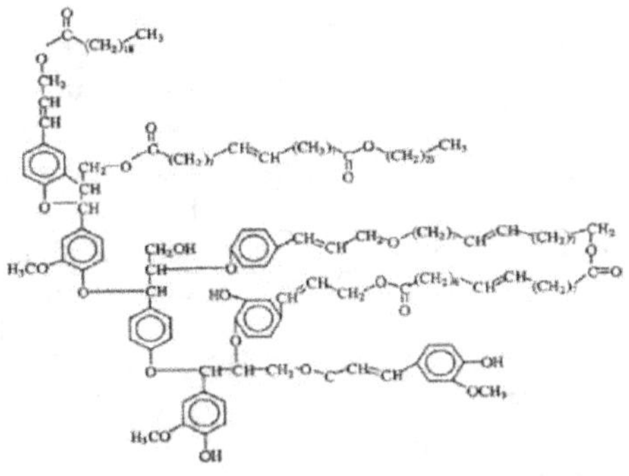

Рисунок 4 – Предполагаемая структура суберина

Основу компонентного состава суберина из березовой коры (табл.2) составляют двух- и одноосновные жирные кислоты, феруловая кислота; в следовых количествах соединения с более низкой молекулярной массой (кислоты, фенолы и циклические соединения). Преобладают докозандиовая (феллогеновая) и 22-

69

гидроксидокозановая (феллоновая) кислоты, что соответствует литературным данным [3].

Таблица 2 – Состав экстракта по методу
газовой хроматомасс-спектрометрии

Но-мер пика	Время выхода, мин	Пло-щадь %	Степень совпадения %	Название
1	15-30	-	-	Соединения (кислоты, фенолы и циклические соединения) с C_8-C_{11} углеродным скелетом
2	31,473	0,57	97	Ferulic acid methyl ester
3	31,99	0,09	93	17-Octadecenoic acid, methyl ester
4	32,309	0,05	96	9,12-Octadecadienoic acid, methyl ester
5	34,913	0,2	96	Oxacycloheptadec-8-en-2-one
6	35,59	0,14	96	18-methylnonadecanoic acid, methyl ester
7	35,665	0,09	92	16-hydroxy-hexadecanoic acid, methyl ester
8	36,308	1,44	95	Hexadecanedioic acid, dimethyl ester
9	38,931	0,65	96	Docosanoic acid, methyl ester
10	39,124	5,66	88	Z,Z-3,13-Octadecadien-1-ol
11	39,635	11,04	81	12-oxo-9-dodecenoic acid, methyl ester
12	39,881	0,37	84	cis-13-Octadecenal
13	40,535	0,36	90	10,13,16-docosatrienoic acid, methyl ester
14	40,648	1,89	75	9,10-dihydroxy-Octadecanoic acid, methyl ester
15	40,821	0,66	91	Erucic acid
16	42,452	4,74	89	Z -9-Octadecenoic acid, methyl ester
17	42,985	6,89	91	Eicosanedioic acid, dimethyl ester
18	43,964	5,23	89	9,10-epoxy-Octadecanoic acid, methyl ester
19	44,355	2,98	79	1,10-Cycloeicosanedione
20	44,503	0,63	83	Oleic acid, methyl ester
21	44,904	0,51	78	9-oxo-Heptadecanedioic acid, dimethyl ester
22	46,215	0,34	93	Octadecanoic acid, methyl ester
23	**47,066**	**26,3**	**94**	**22-hydroxydocosanoic acid, dimethyl ester**
24	**47,8**	**28,73**	**93**	**Docosanedioic acid, dimethyl ester**
25	54,945	0,44	90	Triacontanedioic acid, dimethyl ester

Примечание: Жирным шрифтом выделены доминирующие компоненты.

ВЫВОД

Определены составы продуктов, полученных из бересты. Содержание бетулина и лупеола в экстрактивах составляет от 70 до 99 %. Основными компонентами суберина являются феллогеновая м феллоновая кислоты. Предложена структурнаяи формула суберина.

Литература
1. Кислицын А.Н. Экстрактивные вещества бересты: выделение, состав, свойства, применение // Химия древесины. – 1994. – №3. – С. 3–28.
2. Коптелова Е.Н., Кутакова Н.А., Третьяков С.И. Определение состава этанольного экстракта бересты // ИВУЗ Лесной журнал. – 2011. – №6. – С. 107–111.
3. Фенгел Д,, Вегенер Г. Древесина (химия, ультраструктура, реакции) / Под ред. д-ра техн. наук проф. А. А. Леоновича. – М.: Лесная пром-сть. – 1988. – 512 с.

Ibraghimov Ch.Sh.
professor, doctor of technical sciences
Babaev R.K.
assistant professor, Ph.D in technical sciences
Akhundov I.A.

Azerbaijan State Oil and Industry University

PURIFICATION OF WASTEWATER CONTAINING Cu-, Cr - IONS WITH NATURAL ZEOLITES OF AZERBAIJANI DEPOSITES

It is a well known fact that industrial pollutants and overall pollution of the environment has escalated on a global scale. Prevention of harmful effects of pollutants and cleansing of industrial water is currently a priority for environmentalists. Among these, heavy metal ions are considered one of the most dangerous pollutants, harmful even in small concentrations. The main source of heavy metal ionic leaks to the environment is galvanic production [1-2]. From an ecological standpoint, purification and cleansing of industrial water from these compounds is that of a high priority at this time, since global population is currently on the verge of an ecological crisis on many levels. Legal action against heavy metal ion leaks is currently getting stricter [3]. Therefore, research and development of new and simple ways of eliminating heavy metals from industrial water, is an area of interest globally. With current ecological and economic conditions, it is vital that aforementioned new ways, are designed, using natural, cheap and relatively abundant materials as well as utilizing industrial waste compounds, if possible.

This thesis describes heavy metal ion elimination methods with the use of Nakhchivan zeolites (mordenit type) and Aydagh zeolites (clinoptilolite type) as adsorbents in Azerbaijan occurrence.

A complex research has been made on Cu (II) and Cr (III) ions' adsorption processes, maximum sorption points in dynamic conditions have been defined and sorption isotherms were built. Inclinations of certain environmental factors such as salts in use, their concentrations in the environment and overall temperature in which the process has taken place, have been defined.

Experiments have been provided on solutions containing different quantities of Cu(II) and Cr (III). Nakhchivan and Aydagh zeolites as adsorbents were put into a $250 \ cm^3$ laboratory flask. Prior to this, they were vacuumized and heated up in a muffle furnace at 250-300C for 2-3 hours. Subsequently, a solution containing Cu and Cr ions and salts (tetrahidrate of copper (II) acetate – $Cu(CH_3COO)_2$, tetrahidrate of copper formiate $Cu(HCOO)_2$, hidroxide of chrome (III) acetate-$Cr_3(OH)_2(OOCCH_3)_7$ were used after being initially analyzed via DSC and IR spectroscopy where their thermodynamic and spectroscopic properties as well their pureness was defined. After the solution was prepared, their concentration in the water was determined via complex metric methods. Absorption took place at various temperatures (20-80C) with the duration of 4.5-6 hours.

After zeolites' annealing in nitrogen current, with the help of DSC, various temperatures respective to transitions were observed (T_1 =34.08°C, T_2 – 101.99°C, T_3 – 124.63°C, T_4 – 239.42°C and T_5 – 487.84°C). Temperatures T_1-T_3 relate to initial moisture extraction from zeolite, followed by enthalpy of $\Delta H=120.2$ J/q. Furthermore, transition temperatures T_4 and T_5 evidently relate to initial destruction phase. During adsorption, flasks with solutions and sorption materials, were equipped with mixers. Mixing was done with given temperature and time. Subsequently, zeolites were removed by Buechner funnel and the separated solution was titrated by complex metric methods. It was determined that the zeolite in use possesses sorption abilities, as Cu(II) and Cr(III) concentrations differed greatly before and after sorption.

Крук Н.К.
студентка 3 курса Сургутского нефтяного техникума
руководитель: Горбачев Е.Г.
преподаватель профессиональных дисциплин
Сургутского нефтяного техникума

КОНКУРЕНТОСПОСОБНОСТЬ И ИМПОРТОЗАМЕЩЕНИЕ В НЕФТЕГАЗОВОМ КОМПЛЕКСЕ РОССИИ

Кризис – лучшее время для изменений в экономической стратегии. Энергоносители больше не являются главным источником дохода России. Необходимо развивать отечественное производство, особенно в отраслях, традиционно зависимых от импорта. Так, по оценкам Минпромторга России, зависимость российских нефтяников от зарубежного оборудования, в среднем составляет 50-60 %.

Таким образом, проблема импорта оборудования для нефтегазового комплекса стоит очень остро, особенно в условиях, объявленных в 2014 году санкций, среди объектов которых со стороны США оказалось оборудование, применяемое для добычи нефти и газа.

Импортозамещение – процесс долгий и трудный, однако, уже появились первые «ласточки» грядущих перемен. Например, ответственно к необходимости импортозамещения подошло ОАО «Газпром»: оно наложило запрет на покупку иностранного оборудования всем своим подразделениям. Кроме того, компания создала реестр используемого импортного оборудования, чтобы любая отечественная машиностроительная компания, желающая разработать новый рынок, знала, что есть спрос.

Внедряя в производство передовые технологии, ОАО «Сургутнефтегаз» использует как отечественное, так и зарубежное оборудование. Основными критериями являются высокий технический уровень, качество изготовления, надежность, безопасность, цена. Предпочтение – отечественному оборудованию, если оно не уступает зарубежному.

С технической точки зрения многие российские предприятия могут конкурировать в производстве и поставке основных типов оборудования, такие как Ишимбайский машиностроительный завод, ОАО « Машиностроительный завод» г.Санкт-Петербург и д.р.

Поэтому, если необходимо начинать производить что-то новое, чтобы заменить импортное оборудование, то для начала можно использовать то, что у нас уже производят.

Целью моей работы стало определение конкурентоспособности отечественных подъемников в сравнении с зарубежными.

Для примера был выбран агрегат "А 60/80 М" модернизированный, который производится Ишимбайским машиностроительным заводом и выпускается с августа 2009 года; отличается от серийного А60/80 высотой мачты 22,6м с открытой передней гранью, что дает возможность установки верхнего силового привода; мачта выполнена из труб прямоугольного профиля; за счет уменьшения габаритных размеров мачты, высота агрегата в транспортном положении не превышает 4,3м. И американский «Кардвелл», который в настоящее время используется ОАО «Сургутнефтегаз» (см. таблицу).

Сравнив технические характеристики, можно сделать вывод, что отечественный подъемник не уступает зарубежному, а в чем-то и имеет преимущество.

На примере капитального ремонта скважины №2516 куста 237 Федоровского месторождения ОАО «Сургутнефтегаз» рассчитаем стоимость ремонта на каждом подъемнике. В рассматриваемый капитальный ремонт входят следующие операции: подъем воронки, ПЗ, изоляция БС-10, опрессовка, ГФР (РК на газ и газоперетоки), перфорация БС-10, ОПЗ (ПАВ), освоение, ГФР (ОИО + ПП), шаблонирование э/колонны, ПЗ, спуск ЭЦН по рез. ГФР; которые по времени занимают 275 часов.

По данным ОАО «Сургутнефтегаз» на 2015 г. стоимость 1 часа работы Кардвелл – 3 736,7 руб., А60/80 М – 2 842,3 руб.

$\sum T_{р.Кардвелл} = 275$ ч $* 3\ 736,7$ руб/ч $= 1\ 027\ 592,5$ руб.

$\sum T_{р.А60/80} = 275$ ч $* 2\ 842,3$ руб/ч $= 781\ 632,5$ руб.

Таким образом, экономия средств на проведение ремонта с помощью подъемника А60/80М составляет 245 960 руб.

И если по техническим характеристикам подъемники Кардвелл и А60/80М не уступают друг другу, то в экономическом плане преимущество у отечественного подъемника, что подтверждено расчетами.

Технические характеристики	Агрегат А60/80 М	Кардвелл КВ200С-215
Допускаемая нагрузка на крюке (тс)	80	90
Скорость подъема талевого блока, сек	0,015…2,30	1,54
Мачта	телескопическая	телескопическая
Высота	22,6	29
Диаметр талевого каната, мм	25	25
Емкость полатей верхового рабочего:		
бурильные трубы диаметром 89 мм, длиной 12-13 м, шт/м	280/3400	280/3400
Гидросистема рабочая/монтажная:		
1.тип и модель насоса	А-п 3102,112/НШ-32	УН-2
2.номинальное давление,Мпа	20	25
3.номинальная подача,л/мин	370	720
Гидрораскрепитель:		
1.ход штока,мм	950	950
2.развиваемое усилие,кН(тс)	55(5,5)	55(5,5)
Манифольд:		
1.проходное сечение,мм	76	50,8
2.развиваемое давление,Мпа	20	35
Буровой ротор:	гидроприводный	гидроприводный
1.проходное сечение,мм	250	410
2.частота вращения, об/мин	90	90
Подсвечник(допуск.нагрузка),тс	80	50
Габаритные размеры:		
1.длина,мм	13200	17500
2.ширина,мм	3000	3060
3.высота,мм	4300	4360

Был рассмотрен лишь один пример возможного импортозамещения в нефтегазовом комплексе России, а таких примеров может быть много, т.к. нефтяниками используется самое различное оборудование.

«Пока гром не грянет, мужик не перекрестится» - народной мудрости нам не занимать. Поистине «сказано давно, а верно все равно». Секторальные санкции США и Европейского союза – как раз и стали тем самым «громом», который заставил всех – и власти, и бизнес – повернуться лицом к российской экономике.

Можно констатировать, что в России дан старт глобальной кампании по удовлетворению внутреннего спроса силами отечественных производителей.

Кроме того, возникает закономерный вопрос: по какому сценарию пойдет процесс? Будет ли финалом этой масштабной работы создание продукта – аналога зарубежного, или мы пойдем дальше и в ряде областей сможем побороться за существующие зарубежные рынки?

Мавлеев Ильдус Рифович, Сафин Данис Фандасович, Салахов Нияз Ильгизарович

Набережночелнинский институт (филиал) ФГАОУ ВПО «Казанский (Приволжский) федеральный университет».

Проектирование автомобильной многоступенчатой коробки передач для транспортных средств

Трансмиссии грузовых автомобилей нового поколения должны обладать принципиально другими техническими характеристиками и потребительскими свойствами. Эти свойства обеспечиваются применением многоступенчатых коробок передач [1, 2].

Также очевидно, что перед проектировщиками многоступенчатых коробок передач ставятся новые задачи, а именно:

- создание надежной и жесткой конструкции коробки передач с меньшими габаритными размерами и весом;

- повышение быстродействия и плавности переключения диапазона передач делителя без разрыва потока мощности и без выключения сцепления;

- обеспечение возможности испытания отдельно узлов коробки передач (дифференциального делителя, основного редуктора и дифференциального демультипликатора), что повышает качество общей сборки коробки передач в условиях крупносерийного производства.

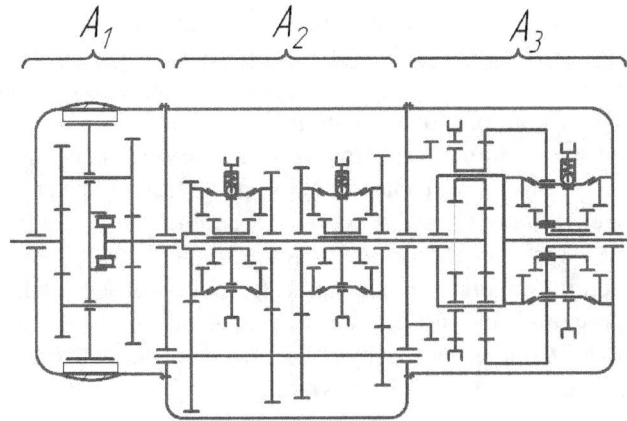

Рисунок 5 – Кинематическая схема автомобильной многоступенчатой коробки передач грузового автомобиля: А1 – дифференциальный делитель; А2 – основной редуктор; А3 –дифференциальный демультипликатор.

В Набережночелнинском институте Казанского федерального университета была разработана и запатентована новая конструкция автомобильной многоступенчатой коробки передач, кинематическая схема которой изображена на рисунке 1 [3].

Поставленная задача решается тем, что автомобильная многоступенчатая коробка передач состоит из дифференциального делителя, основного четырехскоростного редуктора и дифференциального демультипликатора с интегрированной задней передачей [4, 5].

Реализация данной схемы многоступенчатой коробки передач позволяет за счет применения дифференциального делителя исключить из конструкции основного редуктора зубчатых передач и синхронизатора, образующих делитель коробки передач у прототипа, а также значительно уменьшить осевые размеров и вес вторичного и промежуточного валов, что обуславливает уменьшение веса коробки передач. Исключение из конструкции основного редуктора дополнительного ряда зубчатых шестерен заднего хода за счет применения дифференциального демультипликатора с интегрированной задней передачей дополнительно уменьшает осевые размеры и вес вторичного и промежуточного валов.

Использование дифференциального делителя в конструкции многоступенчатой коробки передач позволяет осуществлять переключение диапазона делителя без выключения сцепления, плавно и без разрыва потока мощности, что обеспечивает уменьшение износа трущихся деталей сцепления, повышение коэффициента использования мощности и повышение топливной экономичности двигателя, так как в моменты переключения диапазона делителя, которые происходят в четыре раза чаще, чем переключение передач основного редуктора, двигатель не переходит в режимы частичных нагрузок [6, 7].

С использованием современных программных решений для проектирования и инженерных расчетов была разработана трехмерная модель конструкции многоступенчатой коробки передач, представленная на рисунке 2.

Рисунок 2 – 3D модель многоступенчатой коробки передач грузового автомобиля

Коробка передач содержит корпус основного редуктора с отверстиями для крепления картера сцепления, являющегося одновременно картером дифференциального делителя, и картера дифференциального демультипликатора. Корпус основного редуктора с картером сцепления образуют замкнутую полость, в которой находятся первичный вал, промежуточный вал и вторичный вал основного редуктора коробки передач. Первичный вал является валом-шестерней, опирающейся на роликоподшипник, установленный в отверстие картера сцепления. Промежуточный вал опирается на два роликоподшипника, установленные в отверстиях корпуса и картера сцепления. Вторичный вал одним концом опирается на роликоподшипник, установленный в первичном валу, а вторым концом – на роликоподшипник, установленный в корпусе основного редуктора.

78

Заключение. В отличие от прототипа, у которого переключение диапазона делителя осуществляется с помощью синхронизатора, в предлагаемой коробке передач для включения ускоряющей передачи осуществляется торможением водила дифференциального делителя ленточными тормозами, для включения прямой передачи ленточные тормоза освобождаются, и происходит автоматическая блокировка водила дифференциального делителя через муфту свободного хода на выходной вал дифференциального делителя.

Небольшая разница передаточных отношений соседних передач коробки позволяет выбрать оптимальный режим движения в экономичном диапазоне числа оборотов двигателя. Кроме того, это облегчает управление коробкой передач и снижает уровень шума.

По сравнению с прототипом предлагаемая автомобильная многоступенчатая коробка передач обладает техническими характеристиками соответствующими требованиям современного автомобилестроения, в том числе, имеет меньшие габаритные размеры и вес, обладает большей жесткостью, виброустойчивостью и меньшими инерционными массами вращающихся частей зубчатых передач, что обуславливает быстродействие процессов переключения передач, более высокий коэффициент использования мощности двигателя и более высокие показатели топливной экономичности при использовании в трансмиссиях современных автомобилей.

Литература
1. Мавлеев И.Р. Разработка рациональных схем и конструкций высокомоментных гидромеханических вариаторов для транспортных средств: автореф. дис. …канд. техн. наук. – Набережные Челны, 2007. – 19 с.
2. Салахов И.И. Разработка рациональных схем автоматических коробок передач на основе планетарной системы универсального многопоточного дифференциального механизма: автореф. дис. …канд. техн. наук. – Ижевск: ИжГТУ им. М.Т. Калашникова, 2013. – 23 с.
3. Волошко В.В., Мавлеев И.Р., Салахов И.И. Автомобильная многоступенчатая коробка передач. Патент №2508486 РФ // «Бюллетень изобретений». – 2014. – №6.
4. Волошко В.В., Мавлеев И.Р., Салахов И.И., Шайхутдинов И.Ф. Автомобильная многоступенчатая коробка передач //Справочник. Инженерный журнал. – 2014. – №11. – С. 46-49.

5. Волошко В.В., Мавлеев И.Р. Автоматические трансмиссии с динамическими связями на базе дифференциальных гидромеханических вариаторов. //Справочник. Инженерный журнал. М: ООО «Издательский дом «Спектр». – 2012. – №9. – С. 50-55.

6. Salakhov, I. I., Voloshko, V. V., Mavleev, I. R., Galimyanov, I. D. Kinematic scheme and design of automatic planetary gear boxes based on a new module / Contemporary Engineering Sciences, Vol. 8, 2015, no. 1, 1-6. http://dx.doi.org/10.12988/ces.2015.411215.

7. Ildar Ilgizarovich Salakhov, Vladimir Vladimirovich Voloshko, Ilnur Dinaesovich Galimyanov and Ildus Rifovich Mavleev Universal Differential Mechanism / Biosciences Biotechnology Research Asia, Vol. 11(3), 2014, 1553-1557 pp. http://www.biotech-asia.org/currentissue.php?pg=2.

Мартышкин А.И.
к.т.н., доцент кафедры Вычислительные машины и системы»
Пензенского государственного технологического университета

К ВОПРОСУ ОЦЕНКИ ВРЕМЕНИ ОБСЛУЖИВАНИЯ ЗАЯВОК ПРИ ВЫПОЛНЕНИИ ОПЕРАЦИЙ ОБМЕНА В МНОГОПРОЦЕССОРНЫХ СИСТЕМАХ НА КРИСТАЛЛЕ С РАЗДЕЛЯЕМОЙ ПАМЯТЬЮ[1]

Существуют две математические модели разделяемой памяти, применяемой в многопроцессорных системах (МПС), а также в системах на кристалле (СнК): сосредоточенная и распределенная. Сосредоточенная память обеспечивает одинаковое время доступа для всех процессоров (ЦП), МПС с такой организацией памяти называют UMA (Uniform Memory Access – однородный доступ к памяти) [1]. Такая модель имеет варианты построения, от реализации которых зависит пропускная способность памяти и, следовательно, производительность МПС в целом. В тех случаях, когда в качестве среды взаимодействия используется общая шина (ОШ) [2], на производительность оказывает влияние пропускная способность ОШ.

---
[1] Работа выполнена при финансовой поддержке РФФИ (Проект № 16-07-00012 А).

Память МПС может быть реализована двумя способами и состоять: 1) из расслоенных блоков, использующих чередование адресов и единую адресацию, и буферизацию данных (рис. 1а); 2) из независимых блоков, каждый из которых имеет собственную адресацию и буферизацию данных (рис. 1б).

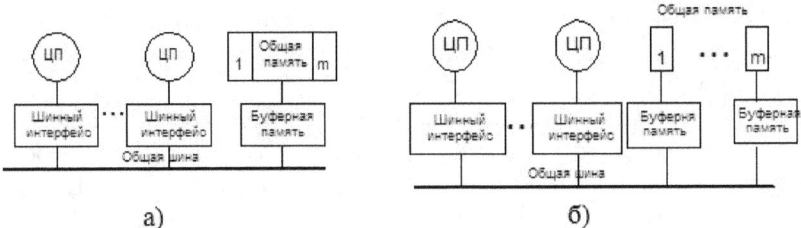

Рисунок 1 – Варианты структур МПС с сосредоточенной памятью: а) память с чередованием адресов; б) память с набором независимых блоков

Как видно из рисунка несколько ЦП одновременно используют одну и ту же ОШ для доступа к разделяемой памяти (РП) и для взаимодействия друг с другом. Когда ЦП необходимо прочитать слово в памяти, он вначале проверяет, свободна ли ОШ, и если она свободна, выставляет на нее адрес нужного слова, подает необходимые управляющие сигналы и ждет, пока память не выставит адресуемое слово на шину данных. Если ОШ занята, ЦП ждет, пока она не освободится. Подобного рода конфликты снижают производительность ЦП, т.к. увеличивается время выполнения команды при обращении её к РП. Причем, чем больше ЦП включено в систему, тем выше интенсивность запросов к РП, следовательно, выше потери производительности отдельного ЦП из-за конфликтов при доступе к таким общим ресурсам как шина и память.

В работе будем считать, что обмен процессор-память может производиться пословно или группами слов. Если применяется обмен без расщепления транзакций, то для выполнения транзакции записи или для чтения потребуется обычный цикл шины, по окончании которого шина освобождается и может быть предоставлена для другой транзакции.

Время выполнения транзакции составит

$$t_T = t_W + t_B,$$ (1)

где t_W – время, затрачиваемое ЦП на занятие ОШ; t_B – цикл шины. Время t_W зависит от способа управления ОШ, а минимальное значение цикла шины составит

$$t_B = t_A + t_M, \tag{2}$$

где t_A – время, затрачиваемое на выдачу адреса из ЦП в память; t_M – цикл памяти. Поскольку из двух слагаемых второе имеет большую величину, отсюда следует, что длительность цикла шины имеет колоссальную зависимость от длительности цикла памяти.

Сокращение цикла памяти обеспечивается параллельностью работы её модулей. Для обеспечения высокой скорости работы памяти необходимо повысить пропускную способность ОШ. Это достигается применением метода расщепления транзакций [3] при передаче данных между ЦП и РП, что влечет сокращение цикла шины за счет применения быстродействующей буферной памяти в интерфейсных схемах процессорного модуля и в контроллерах памяти. В этом случае возможна передача нескольких транзакций по ОШ в течение цикла памяти, и, следовательно, параллельная работа нескольких независимых модулей памяти.

Применение метода расщепления транзакций имеет особенности, заключающиеся в том, что при выполнении операции записи в РП формируется одна транзакция, а при выполнении операции чтения – две. Первая связана с выдачей адреса в память, который запоминается в буфере контроллера памяти, после чего ОШ освобождается для других транзакций. Вторая транзакция связана с возвращением данных из памяти в ЦП.

Контроллер памяти в данном случае является более интеллектуальным, чем аналогичный, используемый в методе без расщепления транзакций. В функции такого контроллера входит занесение данных в указанный в сообщении ЦП модуль памяти, а по окончании операции чтения, он должен осуществить занятие ОШ и произвести передачу данных адресату. Т. о., контроллер памяти должен содержать буферную память для хранения транзакций и схему управления, обеспечивающую доступ к ОШ. Такой способ называют обменом с буферизацией [2].

Время выполнения операции записи составит

$$t_T = t_W + t_A + t_{BUF}, \tag{3}$$

а время выполнения операции чтения

$$t_T = 2t_W + t_A + t_{BUF}, \tag{4}$$

где t_{BUF} – время обращения к буферной памяти, а цикл шины будет составлять

$$t_B = t_A + t_{BUF}, \tag{5}$$

Если для обмена между процессором и памятью используется пакетный обмен, то в тех случаях, когда используется режим работы без расщепления, время выполнения транзакции составит

$$t_T = t_W/k + t_A/k + t_M, \tag{6}$$

где k-количество слов в одном передаваемом пакете.

Цикл шины в этом случае сокращается и составит

$$t_B = t_A/k + t_M. \tag{7}$$

Соответственно при выполнении обмена с расщеплением транзакций

$$t_T = t_W/k + t_A/k + t_{BUF}, \tag{8}$$

а величина цикла шины

$$t_B = t_A/k + t_{BUF} \tag{9}$$

Поскольку МПС состоит из множества ЦП, то, очевидно, что между ними будут возникать конфликты за доступ к ОШ и к РП. Это несомненно приведёт к увеличению времени выполнения транзакций из-за ожидания их обслуживания в очередях. Рассмотрим методику определения влияния конфликтных ситуаций на время выполнения транзакции.

Математические модели для оценки задержек представляются в виде разомкнутых двухфазных сетей массового обслуживания, состоящих из систем массового обслуживания (СМО) (рис. 2), в которых источником заявок выступают ЦП, генерирующие потоки транзакций, а в качестве обслуживающих приборов – ОШ и РП. Подобные модели описаны в [4, 6, 7]. В них потоки транзакций представляются в виде потоков заявок на обслуживание φ_i, при чём $\varphi_i = N_i / T_i$, где N_i – среднее число транзакций i-го ЦП к РП за время решения задачи T_i.

Обслуживание заявок из потока φ_i проходит две фазы: на первой фазе моделируются задержки, связанные с обслуживанием транзакций ОШ, во второй фазе – РП. В статье будем считать, что потоки являются простейшими, а времена обслуживания либо постоянные, либо распределены по экспоненциальному закону.

Системе, изображенной на рис.$1a$, соответствует математическая модель, представленная рис. $2a$, а системе, изображенной на рис.$1б$ соответствует математическая модель, представленная на рис.$2б$.

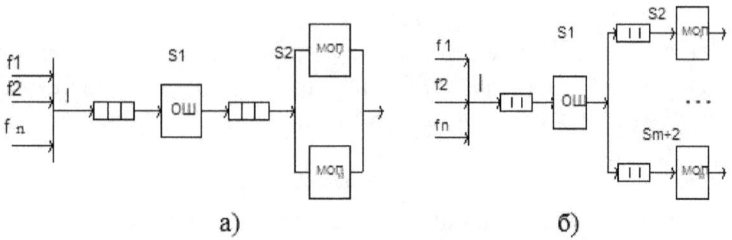

Рисунок 2 – Схемы математических моделей МПС:
а) память с чередованием адресов; б) память, состоящая из набора
независимых блоков

Оценка задержек в системах, использующих обмен без расщепления транзакций, производится по следующей методике. Поскольку модель обслуживания ОШ представляется одноканальной СМО, то время обслуживания в первой фазе составляет t_T.   Модель обслуживания в РП может быть представлена либо многоканальной СМО, либо совокупностью одноканальных СМО. Время обслуживания во второй фазе составляет t_B.

Интенсивность потока заявок на входе двухфазной модели $\lambda = \sum_{i=1}^{n} \varphi_i$, где φ_i – интенсивность потока транзакций, генерируемых i-м ЦП.

Время ожидания в очереди на первой фазе составит (для постоянного   времени обслуживания) [5].

$$w_1 = \frac{\lambda \vartheta_{ow}^2}{2(1-\lambda \vartheta_{ow})} \ ,\qquad (8)$$

где ϑ_{OW} – время обслуживания ОШ, которое определяется выражениями (1, 3, 4, 6, 8).

Во второй фазе соответственно

$$w_2 = \frac{t_B (\lambda \vartheta_{MOII})^2}{mm!(1-\lambda \ \vartheta_{MOII})^2 [\sum_{i=1}^{m-1} \frac{(\lambda \vartheta_{MOII})^i}{i!} + \frac{(\lambda \vartheta_{MOII})^m}{m!(1-\lambda \vartheta_{MOII}/m)}]} ,\qquad (9)$$

где ϑ_{MOII} – время обслуживания модулями РП, определяемое выражениями (2, 5, 7, 9).

Процесс обслуживания заявок в модели, представленной на рис.2б, следующий. Заявка из потока λ_0, обслуженная в СМО S_1, с вероятностью p_{1j} поступает на обслуживание в одну из СМО S_j

$(j=2,...,m+1)$. Считается, что обслуживание в СМО S_j осуществляется в соответствии с дисциплиной *FIFO*.

Интенсивность потоков на входах СМО сети составит $\lambda_j = P_{1j} \cdot \lambda$, причём вероятности обращения заявок в СМО S_j $(j=2,...,m+1)$ могут быть определены как $p_{1j} = N_{1j} / N$, где N_{1j} – среднее число транзакций, обслуживаемых *j*-м модулем памяти за время решения задачи; N – суммарное число транзакций, поступивших на обслуживание в память, т.е. $N = \sum_{j=2}^{m+1} N_j$.

Время ожидания заявки на первой фазе обслуживания (в СМО S_1) определяется формулой (6). Время ожидания во второй фазе (СМО S_j) составит

$$w_2 = \frac{p_{1j}\lambda\vartheta_{МОП}^2}{2(1-\lambda\vartheta_{МОП})}. \tag{10}$$

Если транзакции обслуживаются модулями памяти равновероятно, то $p_{1j} = 1/m$, отсюда следует

$$w_2 = \frac{\lambda\vartheta_{МОП}^2}{2m(1-\lambda\vartheta_{МОП})}. \tag{11}$$

Общее время ожидания в очередях $w = w_1 + w_2$, а время выполнения операции обмена между процессором и памятью определится как

$$t_T^* = t_T + w \tag{12}$$

В статье приведены выражения для оценки времени обслуживания заявок при операциях обмена в многопроцессорных СнК с РП. Данные выкладки могут быть полезны для специалистов в области проектирования и разработки новых МПС.

Литература
1. Таненбаум Э., Бос Х. Современные операционные системы. – СПб.: Питер, 2015. – 1120 с.
2. Бикташев Р.А., Князьков В. С. Многопроцессорные системы. Архитектура, топология, анализ производительности: Учебное пособие. –Пенза: Пенз. гос. ун-т, 2003. – 103 с.
3. Цилькер Б.Я., Орлов С.А. Организация ЭВМ и систем (2-е изд.) – СПб: Питер, 2011. – 688 с.
4. Алиев Т. И. Основы моделирования дискретных систем. – СПб.: СПбГУ ИТМО, 2009. – 363 с.
5. Бершадская Е.Г. Моделирование. Модели систем и методы принятия решений: учебное пособие. – Пенза: Изд-во Пенз. гос. технол. акад., 2012. – 144 с.

6. Воронцов А.А. Математическое моделирование магнитных полей в двухкоординатных магнитострикционных наклономерах: дис. ... канд. техн. наук. Пензенская государственная технологическая академия, Пенза, 2013.

7. Сальников И.И. Оценка потенциально возможной скорости передачи данных в различных диапазонах электромагнитных волн // в сб.: Современные методы и средства обработки пространственно-временных сигналов сборник статей XIII Всероссийской научно-технической конференции. Под ред. И.И. Сальникова. Пенза, 2015. – С.3-9.

Мохов В. А.
Инженер-конструктор АО «ОНИИП»,
магистрант ФГБОУ ВПО «ОМГТУ»

Использование протокола SNMP во встраиваемых системах

SNMP (Simple Network Management Protocol, досл. – простой протокол сетевого управления) – протокол прикладного уровня (по модели OSI), принадлежащий семейству UDP. Как следует из названия, основное назначение – управление и контроль различными сетевыми устройствами – маршрутизаторами, коммутаторами, серверами, принтерами и принт-серверами, модемами и т.д. Как правило, контролируются параметры, требующие внимание сетевого администратора. Протокол предоставляет данные для управления в виде переменных, описывающих параметры управляемой системы. Подобные параметры запрашиваются и задаются управляющими приложениями.

SNMP регламентируется многими RFC (RFC 1065, RFC 1066, RFC 1067, RFC 1155, RFC 1157, RFC 1213 и т.д.). Однако, несмотря на множественные спецификации и различные версии протокола (на данный момент актуальны SNMP v2c и v3), основные принципы работы SNMP остаются неизменными[3]. Для нормального функционирования требуются сервер (устройство, с которого происходит управление) и клиент (устройство, которым управляют). В литературе, посвящённой SNMP также используются термины «менеджер» и «агент» соответственно. Менеджер хранит и обрабатывает данные о функционировании и настройках управляемой системы, преобразуя их в специализированный для SNMP формат. Также он может изменять и применять изменённую конфигурацию управляемого устройства через дистанционное изменение переменных, отвечающих за соответствующую конфигурацию.

Доступные для чтения, записи, чтения-записи переменные, тип и описание этих переменных описываются базами управляющей информации (базы MIB, англ. Management Information Base). Также в MIB содержатся IP-адреса устройств и идентификаторы объектов-переменных (OID). OID является уникальным для каждого типа агента, и одному параметру сопоставляется один OID[2]. Например, серийный номер сетевого принтера HP LaserJet P2055dn можно узнать, направив соответствующий запрос по OID 1.3.6.1.2.1.43.5.1.1.17.1. По сути MIB является дополнительной надстройкой, позволяющей перевести информацию из человеческого (словесного) формата в формат SNMP (цифровой). Поскольку структура объектов у различных производителей не совпадает, то по одному OID абсолютно невозможно однозначно установить какому объекту принадлежит этот OID и на какой параметр он влияет.

SNMP фактически является набором определённых операций для взаимодействия с данными переменными MIB[3]. Данный набор включает следующие операции:

Таблица 1 – операции, выполняемые посредством SNMP

get-request	Используется для запроса одного или более параметров MIB
get-next-request	Используется для последовательного чтения значений. Обычно используется для чтения значений из таблиц. После запроса первой строки при помощи get-request get-next-request используют для чтения оставшихся строк таблицы
set-request	Используется для установки значения одной или более переменных MIB
get-response	Возвращает ответ на запрос get-request, get-next-request или set-request
trap	Уведомительное сообщение о событиях типа cold или warm restart или "падении" некоторого link'a.

Менеджером выступает физический сервер или автоматизированное рабочее место, работающее на любой операционной системе (Windows с версии 95, MacOS X, различные Linux-системы). С развитием мобильных операционных систем стал возможен запуск SNMP-менеджера на устройствах, работающих под операционными системами Android и iOS.

Агентом может быть любое устройство, причём наличие ОС не является обязательным – принтер, коммутатор, домашний NAS и т.д.

Автором статьи протокол SNMP используется для управления генератором высокочастотного сигнала, являющимся объектом исследования в рамках магистерской диссертации. В качестве управляющего процессора конечного устройства является процессор архитектуры ARMv5TEJ фирмы Atmel, AT91SAM9XE512, ядро- ARM926EJ-s. Операционные системы реального времени не используются.

Для реализации SNMP для конкретного устройства существуют три подхода. Первый заключается в использовании открытой и свободной распространяемой производителем библиотеке для ARM-процессоров uIP (micro-IP), способной распознавать UDP-пакеты, и дальнейшем «ручном» преобразовании UDP-пакета. Однако, это может повлечь за собой множество ошибок, связанных с отсутствием возможности обнаруживать повреждённые пакеты, возможным неверным приёмом той или иной команды, типом команды или типом переменной. Качественная реализация подобного преобразования является довольно трудозатратной и, потому подобный подход нельзя назвать оправданным.

Второй подход – использование коммерческого стека протоколов для конкретного процессора, например, от InterNiche. Данная компания гарантирует полную работоспособность в конечном приложении, а также предоставляет пожизненную (с момента покупки) гарантию работоспособности и техническую поддержку. Цена лицензии для использования протокола - $1200. Если на этапе проектирования известно о дальнейшем изготовлении большой партии конечных устройств, то подобная инвестиция может оказаться оправданной, в противном случае – необходимо искать другой путь.

Наконец, третий вариант – использование стека протоколов с открытым исходным кодом LwIP (LightWeight IP, буквально – лёгкий протокол IP)[1]. Используется изменённая лицензия BSD, в которой указано, что данная библиотека является бесплатной даже для коммерческого пользования, при указании автора LwIP в исходном коде своей программы. Библиотека также портирована для других архитектур, таких как MIPS и FPGA, а также на её основе создан TCP/IP драйвер для ReactOS. Недостатком является то, что библиотека занимает довольно-таки много места в памяти данных процессора, о чем будет сказано далее.

Для реализации SNMP-агента на конечном устройстве был выбран стек протоколов LwIP. За основу был взят проект "basic-lwip-project", предоставляемый производителем процессора Atmel в комплекте с документацией на сам процессор. Данный проект представляет собой набор файлов, который разработчик сам добавляет в свой проект в любой среде разработке (IAR EWARM, QtCreator, Eclipse и т.д.). По умолчанию программа может лишь отвечать на ping-запросы (разбор ARP и ICMP пакетов). Дополнительные функции, такие как поддержка SNMP или DHCP, необходимо подключать дополнительно, что подробно описано в документации на LwIP.

Для того, чтобы агент знал, какие именно OID-ы относятся к нему, к проекту необходимо прикрепить специально подготовленный файл с MIB-базой. Далее, при обращении по определённому IP и OID устройство будет менять или передавать передаваемый параметр.

Одним из главных достоинств протокола SNMP при разработке встраиваемых систем и ПО для них является существенно упрощённый процесс отладки. Нет необходимости в написании специального ПО для менеджера/сервера, поскольку существует множество программ, выполняющих эту задачу, например, iReasoning MIB Browser. Фактически, необходимо только загрузить в программу свою MIB-базу (Рисунок 1), в которой автоматически эта база представляется в словесном иерархическом виде. С этого и начинается процесс управления устройством-агентом. Выбирая элементы дерева Parameters, можно соответственно изменять те или иные параметры устройства (в данном случае, усиление, уровень выходного сигнала и частоту). При этом видимое название переменных несёт в себе только ознакомительный смысл, поскольку для оконечного устройства каждая переменная – самостоятельный OID (OID на рисунке – 1.3.6.1.4.1.1958.201.1.2.0 – технологический, представлен только для иллюстрации, и отличается от реального идентификатора устройства).

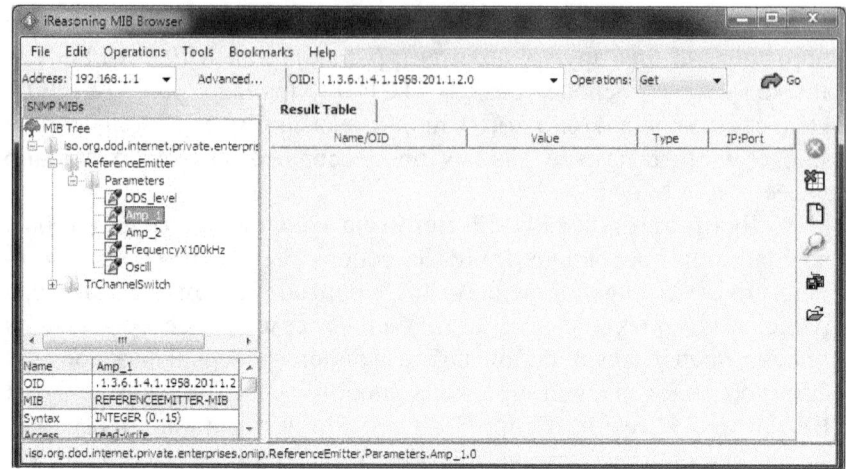

Рисунок 1 – отображение параметров генератора сигнала
в MIB Browser

Таким образом, процесс написания тестового ПО для сервера заключается только в составлении базы, которая также нужна для функционирования агента. Для сравнения, при управления устройством по стыку Ethernet с передачей XML-оформленных пакетов поверх UDP, и реализация программного обеспечения сервера на любом языке программирования (С#, Delphi, Java), как и разбор переданного XML на стороне управляемого устройства являлись несопоставимо усложнённой задачей. Использование SNMP существенно ускоряет процесс разработки как тестового ПО, так и рабочего.

По сравнению с устройством, управляемым через XML, существенно увеличилось потребление памяти. Так, если проект с XML занимал 40кб памяти программ и 15кб памяти данных, то проект SNMP занимает уже 75кб и 32кб соответственно. Следовательно, нельзя рекомендовать его использование для процессоров с малыми объёмами памяти. С другой стороны, в современных ARM процессорах архитектур Cortex-M4 и Cortex-A объёмы памяти имеют порядок мегабайт.

SNMP зарекомендовал себя как качественный, надёжный и действительно простой протокол в системах управления сетевыми устройствами, но при этом использование его для управления различными функциональными устройствами упрощает разработку и ежедневное использование самих устройств.

Литература
1. Dunkels A. Design and Implementation of the lwIP TCP/IP Stack. Режим доступа: http://www.ece.ualberta.ca/~cmpe401/docs/lwip.pdf (дата обращения 01.02.2016)
2. Smith B. Linux appliance design - a hands-on guide to building Linux appliances. No Starch Press, 2007.
3. Семенов Ю. А. Протокол управления SNMP. Режим доступа: http://book.itep.ru/4/44/snm_4413.htm (дата обращения 01.02.2016)

УДК 625

В.В. Никитин, *к.т.н., доцент*
Д.В. Акинин, *к.т.н., доцент*
В.А. Борисов, *к.т.н., доцент*
Н.И. Казначеева, *к.т.н., доцент*
А.Н. Зарубина, *к.т.н., доцент*
ФГБОУ ВО «МГУЛ» г. Мытищи, РФ, E-mail: vborisov@mgul.ac.ru

Оценка качества обустройства и инженерного оборудования лесовозных автомобильных дорог

Комплексный показатель ТЭСАД (К) определяют посредством обследования автомобильной дороги и дефектов ее элементов: проезжей части, земляного полотна и водоотвода, искусственных сооружений, обстановки дороги, благоустройства и озеленения.

Дефектовка элементов дороги представляет собой выявления на обследуемом участке дороги объемов и классификацию по трем степеням повреждения или нарушений на соответствующих элементах дороги.

К дефектам I степени относят повреждения и нарушения, ликвидируемые текущим ремонтом, II степени – средним ремонтом, III степени – капитальным ремонтом [1].

Дефектов элементов обстановки дороги, благоустройства озеленения и искусственных сооружений осуществляют визуально.

Дефектность искусственных сооружений определяется по формуле:

$$D_{uc} = \frac{\alpha_I \sum_{i=1}^{q} C_i + \alpha_{II} \sum_{i=1}^{P} C_j + \alpha_{III} \sum_{i=1}^{t} C_k}{\sum_{i,j,k=1}^{m} C_{i,j,k}} \qquad (1)$$

где $\sum_{i,j,k=1}^{m} C_{i,j,k}$ – общая балансовая стоимость искусственных сооружений, имеющих дефекты на участке измерения;

m - общее число искусственных сооружений, имеющих дефекты на участке измерения;

$C_{i,j,k}$ - балансовая стоимость искусственного сооружения, на котором обнаружены дефекты соответственно i - только I степени; j - только II степени; k – III степени.

Дефектность обстановки дороги $D_{o\partial}$ определяют путем дефектовки однородных групп элементов обстановки дороги, используя формулу:

$$D_{o\partial} = \frac{D_B - D_\Gamma}{r} \qquad (2)$$

где D_B, D_Γ - дефектность соответственно вертикальных элементов обстановки дороги (дорожных знаков, указателей и вертикальной разметки) и горизонтальных элементов (горизонтальной разметки и ограждающих устройств);

r - число членов числителя.

Дефектность D_B определяется по формуле:

$$D_B = \frac{\alpha_I a_I + \alpha_{II} a_{II} + \alpha_{III} a_{III}}{A} \qquad (3)$$

где $\alpha_I, \alpha_{II}, \alpha_{III}$ – количество вертикальных элементов, имеющих дефекты соответственно I, II и III степеней;

A - общее число вертикальных элементов, требуемых по схеме дислокации.

Дефектность D_Γ и D_0 определяют каждый по формуле:

$$D_\Gamma = \frac{\alpha_I l_I + \alpha_{II} l_{II} + \alpha_{III} l_{III}}{L} \qquad (4)$$

где l_I, l_{II} и l_{III} – недостающая и дефектная протяженность горизонтальных элементов, имеющих дефекты соответственно I, II и III степеней;

L - общая протяженность горизонтальных элементов, требуемых по проекту.

Дефектность элементов обустройства и озеленения $D_{\acute{o}o}$ определяют путем дефектовки однородных групп элементов благоустройства и озеленения дороги, используя формулу:

$$D_{\acute{o}o} = \frac{D_{\acute{o}} + D_0}{n} \qquad (5)$$

где $D_б$, D_0 - дефектность соответственно элементов благоустройства, имеющих соответственно дефекты I, II и III степеней;

n - общее количество элементов благоустройства на участке измерения.

Дефектность D_0 определяют по формуле:

$$D_0 = \frac{\alpha_I \cdot lg}{L} \qquad (6)$$

где lg - протяженность природных насаждений, имеющих дефекты;

L - общая протяженность природных насаждений, предусмотренная проектом.

Значения комплексного показателя ТЭСАД на участке измерения (КП) определяют по формуле:

$$КП = П_{пч} \cdot \frac{П_{зп} + П_{ис} + П_{од} + П_{бо}}{n} \qquad (7)$$

где $П_{пч}, П_{зп}, П_{ис}, П_{од}, П_{бо}$ -показатели без дефектности соответственно следующих элементов дороги проезжей части, земляного полотна, искусственных сооружений, обстановки дороги, благоустройства и озеленения;

n - число членов числителя.

При значения КП менее 0,974 показатель без дефектности проезжей части $П_{пч}$ рекомендуется уточнить с помощью инструментальной оценки транспортно-эксплуатационных характеристик дороги.

Главным критерием транспортно-эксплуатационного состояния автомобильных дорог (ТЭС АД) является обеспечиваемая скорость движения автомобилей и осевая нагрузка, которая может пропускать дорога в расчетный период года [2,3].

Коэффициент обеспеченности расчетной скорости K_{pc}, представляет собой отношение фактически обеспеченной скорости движения легкового автомобиля к расчетной. Для удобства единообразия оценки, за единицу базовую расчетную скорость принята скорость 120 км/ч. ($V_p^5 = 120 \; км/ч$).

$$K_{pc} = \frac{V_{p\,max}}{120} \qquad (8)$$

Совокупность всех наиболее важных параметров и характеристик дороги, прямо влияющих на скорость движения, оценивается итоговым коэффициентом обеспеченности расчетной скорости ($K_{pc}^{итог}$) на каждом характерном участке дороги (прямые участки), продольные уклоны, кривые в плане и профиле, сужения проезжей части и обочин, участки с ограждениями: направляющими столбиками или надолбами и другими боковыми помехами, участками с ограниченной видимостью, пересечения и примыкания с другими дорогами и т. п. При выделении характерных участков учитывают зоны влияния отдельных элементов дороги [7].

Транспортные средства, останавливающиеся на обочинах дорог, вызывают снижение скорости движения проезжающих транспортных средств.

Влияние, оказываемое стоящими на обочине автомобилями на режим движения одиночных автомобилей, принято по данным наблюдений О. А. Девочкина, согласно которым зона влияния автомобиля составляет 240-260 м, причем автомобиль начинает снижать скорость на расстоянии 140-160 м от стоящего на обочине автомобиля [4]. Скорости, с которыми автомобили проезжают мимо стоящих автомобилей приведены в таблице 1.

Таблица 1

Расстояния от стоящего на обочине автомобиля до края дорожного покрытия, м	Минимальные скорости движения		
	легковые	грузовые	тяжелые грузовики
0,0	67	55	36
0,5	73	60	41
1,0	79	63	45

Средняя скорость движения на перегоне с учетом минимальной скорости на дефектных отрезках дороги вычисляется по формуле:

$$V_{cp} = V_p \cdot \alpha_I + V_3 \cdot \alpha_2 + V_g \cdot \alpha_3 \qquad (9)$$

где V_p - максимальная скорость на исправных отрезках дороги;

V_3 - средняя скорость в пределах зоны влияния:

$$V_3 = \frac{V_p + V_{min}}{2} \qquad (10)$$

V_g – минимальная скорость на дефектных отрезках;

$\alpha_I, \alpha_2, \alpha_3$ - вес отрезков соответственно зон влияния дефектных и находящихся в исправном состоянии.

Частные коэффициенты дефектности определяют в такой последовательности:

1. Устанавливают величину снижения скорости ΔV;

2. Рассчитывают общую протяженность зон влияния дефектных участков дороги $\sum_1^n l_3$

$$\sum_1^n l_3 = l_3 \cdot n_3 \qquad (11)$$

где l_3 - протяженность зон влияния дефектного участка дороги. Определяют в зависимости от величины по графику;

n_3 - число дефектных участков на обследуемом перегоне дороги.

3. Вычисляют "вес" зон влияния дефектной части обследуемого перегона (α_g)

$$\alpha_g = \frac{\sum_1^n l_3 \cdot n_3}{L} \qquad (12)$$

где L - общая длина обследуемого перегона дороги.

4. Определяют общую протяженность дефектной части обследуемого перегона дороги

$$\sum lg = l_1 + l_2 + \dots + l_n \qquad (13)$$

l_1, l_2 и др. определяют согласно СНиП и проекта.

5. Вычисляют "вес дефектной части перегона"

$$\alpha_g = \frac{\sum_1^n l_3 \times n_3}{L} \qquad (14)$$

6. Определяют "исправную" часть обследуемого перегона.

$$l_u = L - \left(\sum l_3 + \sum l_g\right) \qquad (15)$$

7. Устанавливают "вес" исправной части перегона

$$\alpha_3 = \frac{l_u}{L} \qquad (16)$$

Частный коэффициент дефектности искусственных сооружений определяют по величине просадки проезжей части моста (путевода) в районе переходной плиты [6]. При этом:

1. Замеряют величину посадки S, их длины l и определяют отношение этих значений

$$\beta_i = \frac{S_i}{l_0} \qquad (17)$$

2. Для каждого значения β_i определяют длину зоны влияния l_3 просадки.

3. Вычисляют суммарную длину всех зон влияния дефектных участков $\sum l_{3i}$ на перегоне.

4. находят отношение $\sum l_3$ к общей длине перегона L, обследуемого участка дороги:

$$\alpha_g = \frac{\sum l_{3i}}{L} \qquad (18)$$

5. Среднее значение β_{cp} определяют по формуле

$$\beta_i = \frac{\sum \beta_i \cdot l_{\jmath i}}{\sum l_{\jmath i}} \qquad (19)$$

6. Используя номограмму по заданному значению максимальной скорости $V_{max}, \beta_{cp}, \alpha_g$ определяют коэффициент обеспеченности расчетной скорости D_g.

Использованная литература

1. Лесотранспорт как система водитель – автомобиль – дорога - среда: учеб. пособие / В.К. Курьянов, А.В. Скрыпников, В.А. Борисов. – М.: ГОУ МГУЛ, 2010. – 370 с.
2. Резникова, Н.Е. Применение ЭВМ для анализа основных режимов движения лесовозных автопоездов / Н.Е. Резникова, В.А. Борисов // Научный журнал "В мире научных открытий". – Красноярск: "Научно-информационный издательский центр", 2009., ISSN 2072-0831 №2.–С.20-26.
3. Борисов, В.А. Учет параметров движения и анализ устойчивости лесовозных автопоездов при торможении / В.А. Борисов. // Вестник Моск. Гос. Ун-та леса. – Лесной вестник.– 2009.–№ 2(65).–С. 80-86.
4. Борисов, В.А. Исследование движения лесовозных автопоездов на горизонтальных кривых / В.А. Борисов. // Вестник Моск. Гос. Ун-та леса. – Лесной вестник.–2009.–№ 2(65).–С. 73-80.
5. Борисов В.А., Казначеева Н.И., Акинин Д.В., Результаты экспериментальных исследований при определении нормальных вертикальных напряжений в гравийной дороге при пропуске лесовозного транспорта // Международной научно-практической конференции (15 октября 2015 г., г. Самара). /в 2 ч.Ч.2 - Уфа: АЭТЕРНА, 2015. – 218.
6. Борисов В.А., Акинин Д.В., Казначеева Н.И., Предложения по контролю ровности дорожных покрытий лесовозных магистралей. Символ науки. 2015. Т. 1. № 3-1 (3). С. 26-31.
7. Оценка эргономического качества лесовозных автомобильных дорог Борисов В.А., Казначеева Н.И., Свиридов О.В., Чувенков А.Ю. Вестник Московского государственного университета леса - Лесной вестник. 2010. № 5. С. 127-129.

Anna Puchkova

graduate student, Astrakhan State University, Russia

Software and hardware complex «media shower» of intelligent building

Introduction

The volume of showers market in Russia is growing steadily, so this area is highly promising in terms of new scientific researches and engineering design creation (chart of this growth is shown in figure 1 [1, 2]).

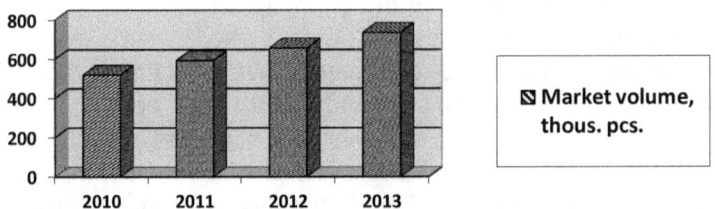

Fig. 1. Chart of showers market volume growth in Russia

According to forecasts, in 2015 the market volume will exceed 9.5 billion rubles [1]. Such growth is typical also for other countries, particularly the United Kingdom, where, according to forecasts, in 2017 the market volume will amount to 870 million pounds sterling (for comparison: in 2012 amounted to only 262 million) [3]. In the Russian market there are represented 36 brands, the majority of products offered to customers refers to the lowest price category. [1]. But the global trend in shower enclosures are intelligent cabins that automate many of the actions and support a variety of functions [4]. However, in the Russian market such systems are poorly represented [1]. Their main problem is the high cost and consequently unavailability for most potential users. Due to the current market situation, it was decided to develop our own software and hardware complex of shower intellectualization with a sufficient set of features and at the same time affordable for middle-class. This complex was called "Media Shower".

The purpose of this study is the creation of a competitive smart shower system by implementing therein an optimal set of functions.

The characteristics of the proposed software and hardware complex

The study defined the necessary options set of the smart shower, which would allow it to gain a competitive advantage in the market, namely:

• set of temperature mode of water supply;
• medical shower option (aromatherapy, hydro, etc.);
• auto turn off when a person away;
• possibility to set an unlimited number of programmable modes for each family member and guests;
• news Views;
• play media files (audio, video);
• drying mode (serve of dry warm air stream);
• display real-time weather.

Based on the above requirements set, we suggest the following version of the hardware and software complex for the intellectualization of the shower and bath. Its hardware part is intended to readout from various sensors and to control the water flow, and software part - to handle the incoming information, to send required response control signals and to support of media opportunities.

To realize the above functions, the hardware module has to be equipped with at least the following sensors:

pyroelectric sensor for monitoring the current value of flowing water temperature and changing the flow in order to maintain a given mode;

pyroelectric motion sensor to monitor the presence of a person in the cabin and turn off the device after his/her departure;

press indicator to implement push-button control panel.

In addition, the hardware module has to be provided with a set of motors for adjusting the position of the crane, a screen for displaying graphical information to the user, a pump for supplying warm air into the cabin, a speaker for reproducing sound information, a storage device and has to maintain access to the Internet.

In turn, software module shall provide the following:

• processing of information about users: add, edit, delete, store;
• managing playlists and playback of media files;
• definition of the weather on the street according to the selected web-pages;
• implementation of the transition between modes;
• display the web-pages required by user.

Prospective scenario of using this device is as follows. The user at the beginning of the work with the system selects his/her profile from the list presented on the screen. In the case of the absence of the required profile, he/she can create it. Profile is designed to store the user's preferred temperature mode and to automatic restore of the previous session of taking a shower or bath.

After a successful login user has the ability to select one of the supported modes: audio and video file playback, display web-pages or slide show. Regardless of the active mode, the user can adjust the desired temperature. In the background the system should monitor the actual temperature of running water and calibrate status of the cranes. It is also necessary to determine the person presence in the bath or shower and turn off the system with person long absence.

Patent analysis in the search for analogs and prototypes of received technical solution

For patent analysis it was used subsystem "Patent Search" [5] of "Intellect" system [6]. "Patent Search" is designed for patent analysis and search for analogs and prototypes of received technical solution.

Patent analysis revealed no full analogues of developed complex. The most part of patented shower intellectualization systems allow:

• to produce remote control of the water flow level;
• to increase the mobility of the shower;
• to perform automatic dry of the cabin after use;
• to increase the number of water supply conditions (rain, hydro, etc.).

Analogues of the proposed hardware and software comlex "Media Shower" are the inventions presented in the Table. 1.

The most complete analog of the developed complex is Le Terme. This concept of intelligent media shower was submitted to the contest in 2012 Reece Bathroom Innovations Awards by Fei Chung Billy Ho. This concept has built in LED screens where you can directly inside the shower cabin access the Internet, listen to different media compositions and make and receive phone calls. Unfortunately, this idea has not found its continuation and remained at the concept level.

Table 1. Patent analysis results

Number	Title	Published	Description
US 2011 0186137 A1	Systems and methods for providing a programmable shower interface	04.08. 2011	the possibility of using the touch screen to adjust the temperature and water flow mode
US 2014 0183279 A1	Shower and speaker assembly	03.07. 2014	a system that allows to play audio files from smartphone and receive calls
US 8627850 B1	Multi-feature digital shower system	14.01. 2014	the ability to connect to the radio
US 6438770 B1	Electronically-controlled shower system	27.08. 2002	push-button panel of control and setting the shower
CN 202112984 U	Medical shower	18.01. 2012	the possibility of placing the bag flat with herbs in a special cavity in the head of shower
US 8112899 B1	Wall-mounted body blow dryer	14.02. 2012	plurality of holes for hot air encased in the walls
US 6962005 B1	Dryer system for shower	08.11. 2005	the column with holes for air supply is set in one of the cabin corners

Features of the implementation of selected technical and algorithmic solutions

At the moment, the above solutions are realized in the software and hardware complex "Media Shower". Today it appears in the form of a working prototype. The hardware part of the complex is based on Arduino Uno, and software is .NET application "Smart SHOWER", developed in Microsoft Visual Studio using WPF technology. The interaction between two modules is presently carried out by a virtual COM port. Below is a brief description of the complex functionality.

The application supports the storage of an unlimited number of profiles, each of which has its own unique avatar and information about the water temperature value selected during the previous use. All profiles are available for selection in the main menu. If necessary, the user can create a new profile or delete lost relevance one. Going into his profile, the user enters the mode selection screen and can go in one of them: watching news, slide shows, audio / video playback. Media files are played from a folder on the flash drive. The user can control playback by switching between tracks and adjusting the volume. The user can also read the latest news and view the slide show.

Thus, on the basis of the research it can be concluded that the created hardware and software complex "Media Shower" has no full analogues. Envisaged rich functionality allows to talk about its competitiveness in the market. Therefore, it is advisable to conduct further research in this area and to develop the industrial design of the complex.

References
1) Analysis of the Russian market of shower enclosures and trays. http://marketing.rbc.ru/articles/27/03/2013/562949986373655.shtml
2) The Russian market of shower enclosures and fences. http://www.stroyka.ru/Rynok/1533669/rossiyskiy-rynok-dushevykh-kabin-i-ograzhdeniy/
3) Bathroom market report - UK 2013-2017 analysis. http://www.amaresearch.co.uk/Bathroom_Market_13s.html
4) Top 5 Bathroom Design Trends Of 2015. http://www.fortunebuilders.com/top-5-bathroom-trends-in-2015/
5) Puchkova A.A., Petrova I.Yu. Automated system of patent information processing and analysis. Software registration license No 2015617943
6) Zaripova V., Tsyrulnikov E., Podgorov A.: Automated support system conceptual design physical principle of elements of control systems based on the inverse synthesis. Software registration licence No 2013616482

Tashmatov X.K.
cand. technical sciences of Tashkent state technical university
Muzafarov A.R.
student of Tashkent state technical university
Tashkent, Uzbekistan

ISSUES OF MODERNIZATION APCS TAVAKSAY HES

Currently, the CIS operates 39 HES with total capacity of 2900 MWt, have worked 50 years or more and 58 hydroelectric station capacity of 13 800 MWt, have worked 40 years or more. As a result of intensive exploitation of the main power equipment, electromechanical, switching, radio relay systems and the protection of physically worn out, obsolete, require replacement and modernization.

The development of hydropower in Uzbekistan till 2020 is mainly based on the use of hydropower potential, provided the "Program of development of small hydro power of the Republic of Uzbekistan", which provides for the development of hydropower due to the implementation of the potential of small rivers, irrigation canals, reservoirs on watercourses which is planned to construct 141 small and micro hydroelectric power station installed capacity of 1700 MWt, with power generation up to 8 bln. KWt·hours per year. Currently under construction in the Republic of 8 small hydro power plants with capacity of 340 MWt, 7 designed capacity of 96 MWt.

Modernization of management systems such as process and production of the whole hydropower facilities (HPF) of Uzbekistan is one of the urgent tasks of technical re-equipment industry. Today, the technical level of control and accounting systems that are installed on the vast majority of hydroelectric station (HES Tavaksay), unable to meet the modern requirements to the quality of technical equipment, volume and functionality. Automation level directly affects both the quality of the equipment (maintenance mode, with the exception of failures and damage to the equipment, the resource increase, the introduction of new types of sensors, etc.) and on the economic efficiency of electricity generation (its cost) and, eventually, on the competitiveness of hydroelectric power on the market, the importance of which in terms of reforming the industry can not be overestimated.

Upgrading hydro generators usually consists of replacing old insulation of the stator windings of new thermosetting epoxy having a thickness less than twice and 1.5 times higher thermal resistance. This makes it possible to set the same dimensions greater power of hydro generator [1].

The economic efficiency of modernization Tavaksay HES is determined by comparing the received power from the hydroelectric station more energy production with a replacement power plant.

The most difficult is the question of equipment replacement, spent a normative term, but still suitable for further use.

Equipment replacement effect is to increase the capacity and energy production, increase plant availability and its inclusion in work, improving maneuverability and reliability Tavaksay hydroelectric power output and energy.

When replacing equipment, spent lifetime, capital expenditures consist of the cost of construction and installation work, including the dismantling of the old and installation of new equipment.

However, additional capital investment needed for reconstruction, will be equal to the value, net of deductions for renovation, produced for the actual life of the replaced equipment and net liquidity value.

If during the replacement of the equipment there is a loss of power generation Tavaksay HES, the cost of lost energy should be added to the life of capital investments.

Economic efficiency increase (increment) of power generation and energy Tavaksay HES is determined by comparison to the replacement costs of equipment with the cheapest replaceable event.

Automated process control systems (ACS) - a complex multi-functional systems. In their creation, in addition to experts ACS, involving various specialists (engineers, hydropower, specialists in automation and remote control, mathematics, computer programmers, experts in electronics and computer engineering, and others.).

ACS has been shown, the highest level of integrated automation, fully implementing systematic approach for solving hydraulic systems management issues [2]. An exemplary order and workflow automation systems in real time in general can be traced in figure 1, which shows the hierarchical chain of command interconnected subsystems ASU. Initially, the system colors the evidence located but technological control object sensors measuring systems (TCO). Depending on the indication and given local units of automation systems is a stabilization systems are produced or control actions for the executive system mechanisms.

Given the importance of the optimization of technological modes, program, implement the optimal algorithms, calculate control actions that meet the best pre-formulated optimality criterion. Finally, the control system are equipped with technological equipment and software to display all the necessary information - records and reports - for local staff, as well as for the transmission of higher levels of government.

When changing modes or emergencies occur manipulation of the actuators of the program other than the program executed in the normal functioning of the system. For frequent changes at the same time and control mode.

One of the necessary conditions for the successful development of APCS- the existence of guidelines for the creation of systems that enable the use of innovative ways to create, standardize, and develop methods to typify.

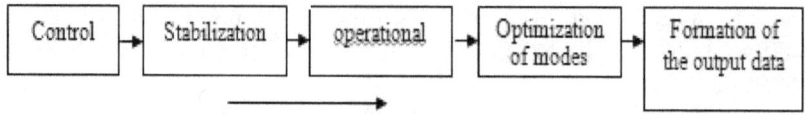

Fig.1. The hierarchical structure of ACS.

At present, almost any reconstruction of technological equipment is impossible without the replacement of obsolete control systems with modern software and hardware complexes.

In the hydropower facilities of the most widely used four types of sensors for flow measurement: inductive; ultrasound; electromagnetic; with narrowing devices. However, these devices have several disadvantages: the duration of the measurement, high consumption of expensive reagents, design complexity, subjectivity and other measurements.

Research and development of the thermal method makes it possible to create a simple and reliable device for flow control and water level in the hydraulic systems [3]. The prospect of a thermal method for the control of the main parameters of the water due to the high speed, sensitivity, noise immunity and economy.

At the department "Hydraulics and Hydropower" Energy faculty TSTU authors have created a thermal sensor for flow control and water level.

Created construction of thermal water sensors are tested when holding control and flow control, and water levels in hydroelectric station Tavaksay [4, 5].

Docking thermal sensors with personal computers makes efficient processing capabilities and selection of necessary information about the basic parameters of water during the process.

The inertia of thinking operational and engineering personnel, and often a lack of basic skills of working with computers, the first couple is able to lead even to the development of emergency situations. Therefore HPP process control system modernization should be measures to improve the skills of staff. In particular, it is necessary to develop virtual polygons, where a hydroelectric power station process control can be connected to a mathematical model of the object. In this case, it achieved complete identity simulator interfaces and process control systems.

In this way, the introduction of modern automation systems based on the software and hardware systems requires a holistic approach when considering the automation object as a whole, and not only in their area of responsibility, as is the majority of developers, including international.

LITERATURE
1. Vasiliev Y.S. etc. The use of water power -. M .: Energoatomisdat, 1995 - 608 p.
2. Gankin M.Z. Integrated automation and APCS of water systems - M .: Agropromizdat, 1991 - 432 p.
3. Tashmatov X.K. Heat flow rate converter based on the transient thermal method // Bulletin of Tashkent State Technical University. - 2004. - №2. - p.92-95.
4. Tashmatov X.K Heat converter // water level sensors and systems - 2006. - №3. - p.41-42.
5. Tashmatov HK water meter in the pipeline on the basis of thermal converters // Type sensors and systems - 2006. - №4 - p.37-39.

Тимофеев Виталий Никифорович
кандидат технических наук, доцент
Тихонов Николай Федорович
старший преподаватель

Федеральное государственное бюджетное образовательное учреждение высшего профессионального образования «Чувашский государственный университет имени И.Н. Ульянова», машиностроительный факультет, кафедра прикладной механики и графики

ВЫБОР УГЛА ОПЕРЕЖЕНИЯ ВПРЫСКА ТОПЛИВА ДЛЯ СИСТЕМ ДВИГАТЕЛЕЙ ВНУТРЕННЕГО СГОРАНИЯ С ЭЛЕКТРОННЫМ УПРАВЛЕНИЕМ

Аннотация: В статье рассматривается рациональный выбор угла опережения подачи топлива в топливной системе судовых дизелей.
Ключевые слова: топливная система, электроника, микропроцессор, угол опережения впрыска топлива, дозатор, аккумулятор, судовой дизель, управление.

Одним из способов влияния на температурное состояние теплонапряженных деталей через параметры рабочего процесса является рациональный выбор угла опережения подачи топлива (θ). Действительно, излишне ранний (по углу поворота коленчатого вала) впрыск топлива приводит к достижению максимального давления сгорания в камере сгорания еще до прихода поршня в верхнюю мертвую точку, что увеличивает работу сжатия и снижает работу расширения, т.е. снижает индикаторные показатели работы дизеля. При запоздалом впрыске горение топлива продолжается на линии расширения, что также приводит к потере площади индикаторной диаграммы (цикла) и, следовательно, к ухудшению индикаторных показателей. Уменьшение угла опережения впрыска топлива (УОВТ) также приводит к понижению максимальной температуры газов и уменьшает выбросы окислов азота, но целесообразно лишь в ограниченных пределах, так как одновременно увеличивается дымность выпускных газов и повышается расход топлива.

Следовательно, для каждого режима работы дизеля должен быть определенный УОВТ, оптимальный для данной угловой скорости и данной нагрузки и соответствующий при прочих равных условиях получением минимального удельного расхода топлива $b_{e.min}$.

Однако выбор угла θ опережения впрыска не может определяться только одним условием-получением минимального расхода топлива. Изменение θ связано не только с изменениями эффективной мощности P_e и $b_{e.min}$, но и с изменениями максимального значения давления сгорания p_z, скорости нарастания давления в цилиндре, температуры деталей дизеля, т.е. жесткости его работы и с целым рядом других факторов, ограничивающих возможности выбора угла опережении впрыска. Значения угла опережения впрыска выбирают с учетом всех действующих факторов.

Наиболее сложным оказывается для судовых и других транспортных дизелей, работающих в широком диапазоне скоростных и нагрузочных режимов, так как оптимальное значение угла опережения впрыска зависит не только от нагрузки и угловой скорости коленчатого вала, но и от типа камеры сгорания и сорта топлива.

По мере снижения нагрузки дизеля, т.е. по мере цикловой подачи топлива, избыток воздуха в камере сгорания увеличивается, условия сгорания улучшаются, в связи, с чем угол опережения по мере снижения нагрузки должен уменьшаться. Исследования показали, что такое изменение θ приводит к оптимизации температур цилиндропоршневой группы (ЦПГ), что приводит к существенному снижению скорости изнашивания верхнего поршневого кольца на средних нагрузках, близких к холостому ходу, снижает жесткость работы дизеля [1].

При возрастании частоты вращения коленчатого вала увеличивается интенсивность вихрей в камере сгорания, повышается скорость образования рабочей смеси, что снижает время задержки воспламенения. Кроме того, при повышении частоты вращения коленчатого вала увеличиваются температура заряда вследствие возрастания политропы сжатия, температура остаточных газов. Это способствует уменьшению периоду задержки воспламенения и скорости сгорания топлива; однако общее сокращение располагаемого для эффективного сгорания топлива времени приводит к необходимости увеличения УОВТ.

Регулируя УОВТ, можно воздействовать на стабилизацию механической, тепловой напряженности, на вид индикаторной диаграммы и на положение максимума давления с тем, чтобы установить оптимальное по показателям мощности и экономичности значение угла. Однако по мере увеличения УОВТ в цилиндр начинается при более низкой температуре и давлении, в связи, с чем длительность задержки самовоспламенения, а, следовательно, и фактор динамичности увеличиваются. В итоге повышается максимальное давление цикла, возрастает скорость нарастания давления в цилиндре. Очевидно, что одним увеличением УОВТ нельзя компенсировать увеличение задержки самовоспламенения при работе на топливе с низким цетановым числом или при относительно низкой температуре газов в цилиндре в конце сжатия. С повышением частоты вращения длительность задержки самовоспламенения (в угловых градусах) увеличивается, возрастает и оптимальный УОВТ.

Проведенный анализ показывает, что для обеспечения высоких технико-экономических и экологических показателей целесообразно изменять УОВТ в соответствии со скоростным и нагрузочным режимами работы судового дизеля.

Все сказанное свидетельствует о том, что на стационарных дизелях целесообразно устанавливать автомат, снижающий угол опережения впрыска по мере уменьшения нагрузки, а на судовых и транспортных дизелях изменение угла опережения впрыска должно происходить в зависимости от изменений как нагрузки, так и угловой скорости коленчатого вала дизеля.

Однако в настоящее время такие автоматические устройства практически не применяют в связи с тем, что они могут оказаться слишком сложными и дорогостоящими. Задача подбора УОВТ осуществляется, как правило, простыми средствами.

В самых простых случаях муфту связи топливного насоса с дизелем выполняют таким образом, что в период настройки дизеля можно в небольшом интервале изменять значения УОВТ и подбирать наилучшее его значение для наиболее важного или наиболее часто используемого режима работы. После наладки дизеля найденный таким образом УОВТ фиксируется и в процессе эксплуатации остается постоянным.

В некоторых случаях топливный насос оборудуют муфтой, допускающей ручное регулирование угла опережения впрыска. Однако в процессе эксплуатации судового дизеля трудно менять УОВТ при каждой смене скоростного режима. Поэтому в некоторых случаях вместо муфт с ручным изменением УОВТ устанавливают автоматические муфты, изменяющие УОВТ в зависимости от значений угловой скорости коленчатого вала.

Наряду с этим, с целью получения высокого эксплуатационного эффекта, выбор рациональных условий впрыскивания целесообразно проводить во всем поле рабочих режимов, что может быть реализовано путем внедрения в топливную аппаратуру электрически управляемых устройств и электронных систем регулирования, включающих микропроцессор [2]. Такие законы управления УОВТ реализуются в некоторых серийных и опытных транспортных дизелях зарубежных двигателестроительных фирм.

Значительное влияние на перераспределение теплового баланса оказывает изменение УОВТ. С увеличением УОВТ улучшаются условия смесеобразования, растет интенсивность тепловыделения вблизи верхней мертвой точки, что приводит к повышению максимальной и средней за цикл температур с одновременным снижением температуры отработавших газов. Поэтому с увеличением УОВТ, потери теплоты в охлаждающую среду растут, а с отработавшими газами - уменьшаются.

Таким образом, топливная система с электронным управлением позволяет выбрать оптимальный УОВТ, который определяет своевременность сгорания топлива; этот угол выбирают в зависимости от цетанового числа топлива, теплового состояния заряда и времени, отводимого на сгорание.

Наконец, нормальная работа дизеля возможно только в том случае, когда вне зависимости от режима его работы поддерживается оптимальная температура камеры сгорания, отвечающая наилучшему протеканию физико-химических процессов окисления топлива. В связи с этим решение задачи об охлаждении дизеля связано как с подбором теплорассеивающего устройства, так и регулированием отвода теплоты в окружающую среду. Поэтому с участием автора совершенствована топливная система ДВС с электронным управлением по патенту № 2131536 [3], которая позволяет работать на двух видах топлива с возможностью изменения УОВТ в широком диапазоне изменения нагрузок (рис.1).

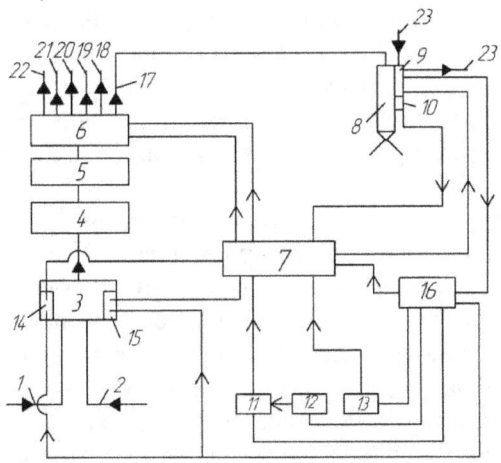

Рис. 1. Топливная система ДВС с электронным управлением: 1 - канал маловязкого топлива; 2 - канал вязкого топлива; 3 - смеситель; 4 - топливный насос высокого давления; 5 - аккумулятор; 6 - электрогидравлический дозатор; 7 - микропроцессорный контроллер; 8 - форсунка; 9 -термоэлектрический охладитель; 10, 11, 12, 13, 14, 15 - датчики температуры форсунки, нагрузки, пульта управления, атмосферного давления, рабочего положения топлив; 16 - блок питания; 17, 18, 19, 20, 21, 22 - каналы подачи топлива в форсунки; 23 - канал системы охлаждения

Система решает задачу создания устройства, работающего на двух видах топлива с возможностью перехода с одного вида на другой. Устройство содержит систему маловязкого топлива, систему вязкого топлива, топливный насос высокого давления, аккумулятор, электрогидравлический дозатор, управляющее логическое устройство, форсунку и термоэлектрический охладитель. Аккумулятор 5 позволяет поддерживать постоянное давление впрыска на всех режимах работы дизеля.

Управляющее логическое устройство (микропроцессорный контроллер) 7 обрабатывает входные сигналы от датчиков и управляет работой электрогидравлического дозатора 6 и в зависимости от рабочего топлива, нагрузки, атмосферного давления устанавливает оптимальный УОВТ. Для запуска дизеля и его работы на частичных нагрузках используется маловязкое топливо. При этом микропроцессорный контроллер устанавливает оптимальный угол опережения подачи топлива в дизель. В случае увеличения нагрузки дизель автоматически переходит на тяжелое топливо, например на мазут. В случае работы дизеля на маловязком топливе термоэлектрический охладитель поддерживает оптимальную температуру распылителя форсунки. При этом управляющее логическое устройство корректирует угол опережения подачи топлива на 1-4 градуса.

Следует отметить, что аккумуляторные системы топливоподачи имеют ряд преимуществ перед топливной аппаратурой других типов. Среди них гибкое управление процессом впрыскивания, включающее управление величиной цикловой подачи и фазами впрыскивания, формирование требуемого закона подачи по углу поворота коленчатого вала, возможность обеспечения независимости давления впрыскивания от режима работы дизеля, хорошая компонуемость элементов системы топливоподачи на дизеле. Аккумулятор с электронным управлением впрыска позволяет достигнуть экономичности работы дизеля на малых нагрузках. Такая система лучше приспособлена для работы на различных сортах топлива, если учесть, что для каждого вида топлива требуется свой оптимальный угол впрыска и определенное давление распыливания.

Литература

1. *Двигатели* внутреннего сгорания: системы поршневых и комбинированных двигателей / А.С. Орлин, М.Г. Круглов; под общ. ред. А.С. Орлина, М.Г. Круглова. М.: Машиностроение, 1985. 456 с.
2. *Микропроцессорные* автоматические системы регулирования. Основы теории и элементы / В.В. Солодовников, В.Г. Коньков, В.А. Суханов, О.В. Шевяков; под ред. В.В. Солодовникова. Учеб. пособие. М.: Высш. шк., 1991. 255 с.
3. *Патент* 2131536 Россия, МКИ F 02 M 43/00. Топливная система ДВС с электронным управлением / В.Н. Тимофеев, Л.В. Тузов, О.К. Безюков, А.А. Иванченко и др. (Россия); Опубл. в БИ 10.06.99.

SECTION VI. Architecture and Construction
(Архитектура и строительство)

Drozdyuk T.A.[1], Frolova M.A.[2], Ayzenstadt A.M.[3], Tutygin A.S.[4]
[1]*postgraduate student, Northern (Arctic) Federal University named after M.V. Lomonosov, Arkhangelsk*
[2]*PhD, Associate Professor, Northern (Arctic) Federal University named after M.V. Lomonosov, Arkhangelsk*
[3]*Doctor of Chemical Science, Professor, Northern (Arctic) Federal University named after M.V. Lomonosov, Arkhangelsk*
[4] *PhD, Associate Professor, Northern (Arctic) Federal University named after M.V. Lomonosov, Arkhangelsk*

VAN DER WAALS ATTRACTION POTENTIAL FOR HIGHLY DISPERSED SYSTEMS OF ROCKS

When the particles are small (with the characteristic dimensions of micrometers and nanometers) and distributed in a dispersion medium (liquid or gas), the Van der Waals forces of attraction and Brownian motion [1] play an important role, while there are practically no sedimentation processes (for simplification we restrict consideration to spherically symmetrical particles as the most energetically favorable shape). Brownian motion provides a

111

continuous clash of nanoparticles. A combination of Van der Waals force and Brownian motion is appears in the formation of agglomerates of nanoparticles. The Van der Waals interaction between two nanoparticles is the sum of the molecular interactions between all pairs of molecules comprising reactive nanoparticles. The summation of all pairwise interactions between molecules placed in two spherical particles of radius R, located at a distance H from each other (Fig 1), allows to get the full energy of interaction - attraction potential (U_A).

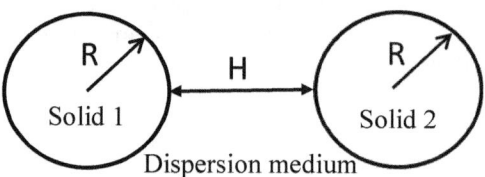

Figure 1 - Interactive spherical particles

If the distance between two spherical particles of the same size is less than the radius of particles, i.e. h = (H / R) <1, then the mathematical expression for calculating the attractive potential has the following form [2, 3]:

$$U_A = \frac{AR}{12h},\qquad(1)$$

where h_{min} - the smallest thickness of the film, which corresponds to the Van der Waals distance (0.24 nm); A - positive constant called the Hamaker constant, the value of which is of the order of 10^{-12} - 10^{-20} J and depends on the nature of the interacting particles.

For particles having different radiuses (R_1 and R_2) attractive potential is calculated by the following expression:

$$U_A = \frac{AR_1 R_2}{6h(R_1+R_2)},\qquad(2)$$

Therefore, it is necessary to know the value of the Hamaker constant, for the calculation of the attractive potential in highly dispersed systems with known particle size characteristics. For some materials the value of the constant A are given in the scientific literature. However, this data is not available for submicro- and nanoparticles based on rocks (the main raw material for manufacturing nanocomposites for construction). Therefore, the aim of this work is to develop methodological techniques of experimental determination of Hamaker constant for highly dispersed rocks systems.

B. Deraygin and colleagues [4] suggest a method for calculating the energy of interaction between the particles in the theory of molecular interaction between micro-objects. In application to our case, the following equation is used [5]:

$$\cos\theta = 1 + \frac{A}{12\pi h_{min}^2 \sigma_1}, \qquad (3)$$

where h_{min} - the smallest thickness of the film, which corresponds to the Van der Waals distance (0.24 nm); σ_1 - surface tension of a liquid.

It is necessary to construct relationship $\cos\theta - 1 = f(1/\sigma_1)$ for calculating Hamaker constant on experimental data. The slope ratio of this relationship multiplied by constant $12\pi h_{min}^2$, is equal to A. In paper [6] we gave the method of experimental determination of the Hamaker constant for the natural polycrystalline quartz. Authors' calculations showed that value A = $4{,}1 \cdot 10^{-20}$ Дж (in paper [7] a value equal to $4.5 \cdot 10^{-20}$ J is given). In studies [8-10] we showed the practical use of assessment methods of the interparticle interaction to estimate the quality of highly dispersed systems based on raw materials of rocks.

The Hamaker constant takes into account the complex action of at least two components. These components are the interparticle interaction between homogeneous particles and interfacial interaction at the solid-solution border. Assuming the additivity of dispersion forces, Hamaker obtained the equation for constant A on interaction of close-nature particles:

$$A = A_{11} + A_{00} - 2A_{011} = A_{11} + A_{00} - 2\sqrt{A_{11}A_{00}}, \qquad (4)$$

where A_{11}, A_{00} - dispersed phase interaction constants (in this case the surface of solid system); consisting of particles type 1 and dispersion medium (wetting liquid), respectively; A_{01} - constant of interaction between the particles and the dispersion medium. For example for water, taking into account only the dispersion interaction $A_{00} = 4.38 \cdot 10^{-20}$ J.

The equation for calculating A_{11} for the solid surface by the value of the critical surface tension in the dispersion medium is as follows:

$$A_{11} = 6\pi r^2 \sigma_\kappa, \qquad (5)$$

where r = h - Van der Waals radii (the average distance between the interacting particles, 0.24 nm); σ_k - critical surface tension.

To assess the force of interparticle interaction one can use the equation (6) in the case of a composite material comprised of two nanodispersed components of different nature with constants A_{11} and A_{22}:

$$A_{12} = \sqrt{A_{11}A_{22}}, \qquad (6)$$

113

The equation [11] is proposed for considering the aggregate stability in disperse systems:

$$\sigma_m = \gamma \frac{kT}{a^2}, \quad (7)$$

where γ - 10 (dimensionless coefficient); k - Boltzmann constant; T - absolute temperature; a - the size of structural unit.

Equation (7) has the dimension of the surface tension and is practically a characteristic energy of thermal motion, referred to the surface of the structural unit. It is observed [12] that spontaneous dispersion becomes possible when (7) is more than the surface energy ($\sigma \sim 0.01 \ldots 0.1$ J / m2) in the system (the energy gain from participation of the particle in the thermal motion exceeds energy expenditures with the increase of the interface area). The presence of Boltzmann constant in the numerator of the equation (7) determines the estimation for the structural unit size $a \sim 10^{-9}$ m. This value can be taken as the lower boundary, which determines the nanoscale component. Size effects are essential for the material formed by such particles.

Thus, the submitted data demonstrated the mathematical apparatus that allows obtaining a quantitative description of the forces of interaction between particles at the interface with the formation of highly dispersed composition from mineral particles.

References
1. Цао Гонжун Ив Ван. Наноструктуры и наноматериалы. Синтез, свойства и применение. /Пер. с англ. А.И.Ефимова, С.И. Каргов. – М.: Научный мир, 2012. – 520 с.
2. Hiemenz P.C. Principles of Colloid and Surface Chemistry.// Marcel Dekker, New York, 1977. – 672 p.
3. Pierre A.C. Introduction to Sol-Gel Processing.//Kluwer, Norwell, MA, 1998. – 242 p.
4. Дерягин Б.В., Абрикосов И.И., Лифшиц Е.М. Молекулярное притяжение конденсированных тел // Успехи физ. наук. 1958. Т. LXIV, вып.3, с. 494–526.
5. Дерягин Б.Д., Чураев Н.В. Смачивающие пленки. М.: Наука, 1984. - 160 с.
6. Фролова М.А., Тутыгин А.С., Айзенштадт А.М., Махова Т.А., Поспелова Т.А. Применение термодинамического подхода к оценке энергетического состояния поверхности дисперсных материалов.//Нанотехнологии в строительстве (научный интернет-журнал). – 2011, №6, с. 13-25.
7. Тищенко А.И., Корнеев И.А. Агапов М.Н. Оценка прочности индивидуальных контактов между твердыми структурными

элементами лессовых оснований зданий массовой серийной застройки // Ползуновский вестн. 2007. № 1–2, с. 55–57.

8. Лесовик В.С., Фролова М.А., Айзенштадт А.М. Поверхностная активность горных пород.//Строительные материалы, 2013, № 11, с.71-74.

9. Вешнякова Л.А., Айзенштадт А.М., Фролова М.А. Оценка поверхностной активности высокодисперсного сырья для композиционных строительных материалов.//Физика и химия обработки материалов, 2015, № 2, с. 68-72.

10. Дроздюк Т.А., Морозова М.В., Фролова М.А., Айзенштадт А.М. Определение свободной поверхностной энергии высокодисперсных сырьевых составляющих композиционных материалов./Тезисы докладов международной конференции «Физика. СПб», Санкт-Петербург, ФТИ им. А.Ф. Иоффе, 2015, с. 195-197

11. Смирнов В.А., Королев Е.В., Альбакасов А.И. Размерные эффекты и топологические особенности наномодифицированных композитов.// Нанотехнологии в строительстве: научный Интернет-журнал. М.: ЦНТ «НаноСтроительство», 2011, №4, с. 17-27.

12. Гельфман М.И., Ковалевич О.В., Юстратов В.П. Коллоидная химия. 3-е изд. – СПб.: Издательство «Лань», 2005. - 336 с.

Карелина К.А.
Магистрант, Пермский национальный исследовательский политехнический университет, г. Пермь

Очистка шахтных вод в Ростовской области

Рыночные отношения и нестабильность экономической деятельности, обусловленная рядом реформационных процессов, привели к реорганизации промышленности в России.

Программа реструктуризации шахтной промышленности оказало положительное влияние на состояние шахтного фонда, но привело к экологическим проблемам. Затопление выработок ликвидированных шахт грунтовыми водами требовало незамедлительного плана действий.

Для устранения вспыхнувшей проблемы было принято решение об искусственном понижении уровня воды по средствам посильных технологий и методов.

В настоящее время, спустя десятилетия, принятые способы, минимизировали свою эффективность, однако масштабы проблемы увеличились в разы.

Целью работы является определение путей решения понижения уровня шахтных вод в Ростовской области и улучшение экологической обстановки.

Развитие угольной промышленности в Ростовской области имеет не только отраслевое, но и важное социальное значение. Тем не менее, в настоящее время не представляется возможным введение в эксплуатацию законсервированных шахт.

По инициативе Правительства Ростовской области реализация мероприятий по реструктуризации угольной промышленности продлена до 2018 года в рамках «Программы развития угольной промышленности России до 2030 года» в части мероприятий по реконструкции социальных объектов, пострадавших от ведения горных работ, переселения граждан из ветхого жилья (завершение), а также мониторинга последствий закрытия шахт.

В Ростовской области за счет средств федерального бюджета построены и эксплуатируются 6 водоотливных комплексов и 5 очистных сооружений шахтных вод с целью предотвращения подтопления территорий жилой застройки и загрязнения питьевых водоносных горизонтов. Общий объем очищенных шахтных вод составляет около 30 млн. кубических метров в год.

На сегодняшний день, в Ростовской области в г. Новошахтинск выработки шахт заполнены водой, прослеживается тенденция к увеличению уровня воды и выхода не поверхность. Шахтная вода характеризуется высоким содержанием железа.

На территории г. Новошахтинск расположен Кировский техногенный комплекс (ТГК), в состав которого входят выработки по пластам k21-k21в, k21н, k2с, k2н шахт им. С.М. Кирова, №5 Калиновского ШУ, им. В.И. Ленина (ОГПУ), «Западная-Капитальная», им. Горького, «Несветаевская» (шахта №5), «Коминтерновская» (шахта №7) и др. Для предотвращения подтопления территории в Кировском ТГК построены две очереди очистных сооружений, которые способствуют понижению уровня воды.

В настоящее время дополнительный переток шахтных вод из Западного ТГК в Кировский ТГК достиг 150 м3/час. На очистные сооружения шахты им. Кирова поступает 1560 м3/час. Существующая динамика перетоков свидетельствует о том, что в ближайшее время величина перетока может возрасти и приток на очистные сооружения может достигнуть 1650 м3/час.

Для покрытия дефицита около 350 м3/час производительности очистных сооружений шахты им. С.М. Кирова по очистке шахтных вод Кировского ТГК на ближайшую перспективу программой реструктуризации принято решение о строительстве третьей очереди очистных сооружений. Для снижения нагрузки на существующие очистные сооружения и улучшения качества выпускаемых шахтных вод согласовано решение о бурении водовыпускных скважин в самой верхней части техногенного комплекса – у верхней границы горных работ шахты им. С.М. Кирова.

Химический состав подземных вод Кировского ТГК представлен в таблице 1.

Таблица 1 – Химический состав шахтных вод и установленные ПДК

№ п/п	Контролируемые показатели	Единицы измерения	Значение	ПДК	Превышение ПДК, раз
1.	Минерализация	мг/дм^3	3500,00	1000,00	3,50
2.	pH	мг/дм^3	6,75	6,5-8,5	-
3.	Натрий + Калий ($Na^+ + K^+$)	мг/дм^3	380	(120+50)	2,24
4.	Кальций Ca^{2+}	мг/дм^3	410	180,00	2,28
5.	Магний Mg^{2+}	мг/дм^3	190	40,00	4,75
6.	Хлорид-анион Cl^-	мг/дм^3	210	300,00	-
7.	Сульфат-анион SO_4^{2-}	мг/дм^3	1700	100,00	17,00
8.	HCO_3^-	мг/дм^3	680	-	-
9.	жесткость	мг-экв/дм^3	36	7,00	5,14
10.	Железо общее	мг/дм^3	20	0,1000	200,00
11.	Растворенный кислород O_2,	мг/дм^3	0,00	4,00	-

Исходная шахтная вода, на основании данных таблицы 2, относится к солоноватым водам с повышенной минерализацией. Данный показатель характеризует наличие содержащихся в воде растворенных веществ (неорганические соли, органические вещества). Наибольший вклад в общую минерализацию воды вносят распространенные неорганические соли (бикарбонаты, хлориды и сульфаты кальция, магния, калия, натрия).

Согласно химической классификации по преобладающему аниону вода является сульфатной, которая относится к кальциевой группе по преобладающему катиону.

Рассматриваемая вода не имеет запаха, так как в ее составе отсутствует растворенный сероводород и разлагающиеся органические вещества. Температура воды варьируется в пределах 150С. Наличие железистых соединений придают воде бурую окраску.

Действующие очистные сооружения первой и второй очереди работаю в три стадии очистки, включая в себя искусственную аэрацию шахтных вод, с последующим отстаиванием и доочисткой в прудах.

Выбор технологической схемы очистных сооружений третьей очереди определен исходя из качества исходной шахтной воды, опыта эксплуатации первой и второй очереди очистных сооружений шахтных вод ДАО «Шахта им. Кирова» ОАО «Ростовуголь» и требований по снижению железа до 0,3 мг/л.

Процесс очистки шахтных вод состоит из ряда последовательных стадий:

1. окисление двухвалентного железа на водосливе-аэраторе с естественной аэрацией;
2. отстаивание взвеси $Fe(OH)_3$ в горизонтальном отстойнике;
3. тонкой очистки – мелководных прудах.

Применение метода обезжелезивания по средствам естественной аэрации способствует снижению потребления электроэнергии и сокращения затрат на эксплуатацию очистных сооружений.

Требуемое количество кислорода для естественной аэрации было проверено в лаборатории.

В лабораторных условиях при помощи аквариумного компрессора производительностью 150 л/ч проводили аэрацию исходной шахтной воды.

В лабораторный стакан объемом 1000 мл залили исходную шахтную воду. Объем шахтной воды - 1000 мл. На дно стакана опустили диспергатор воздуха и включили в сеть аквариумный компрессор (Фото 2).

Аэрацию шахтной воды проводили в статических условиях. Расчетное время аэрации по стехиометрии на окисление железа - 2 минуты. Длительность аэрации шахтной воды принята с заведомым избытком кислорода и составляет 1,5 часа. В процессе аэрации фиксировали изменение окраса шахтной воды.

С течением времени шахтная вода меняет окрас от бесцветной до желто-коричневой (рис. 1).

Рисунок 1 – Вода до аэрации и спустя 1,5 часа

После 90 минут аэрации компрессор отключали от сети. Шахтную воду перелили в пробоотборный сосуд и отдали в аккредитованную лабораторию для выполнения анализов. В отобранной пробе контролировали:

o   Водородный показатель;
o   Железо общее;
o   Сульфаты.

Результаты аэрации шахтной воды представлены в таблице 2.

Таблица 2– Результаты аэрации шахтной воды

Показатель	Исходная шахтная вода	Шахтная вода после аэрации
Водородный показатель	7,7	7,6
Железо общее, мг/л	**32,9**	**9,6**
Сульфаты, мг/л	2190,2	2281,4

По данным таблицы 2 видно, что в процессе аэрации железо из растворенной формы $Fe(HCO_3)_2$ переходит в форму взвеси $Fe(OH)_3$. Степень очистки при аэрации в статических условиях составила 71%.

Для достижения такого эффекта в естественных условиях, по средствам расчетов, было принято решение о строительстве водослива-аэратора, обеспечивающий концентрацию кислорода воздуха в воде необходимую для окисления железа.

Процесс насыщения кислородом воздуха шахтных вод происходит в четыре ступени: 1) В 1 ступени будет происходить растворение кислорода воздуха (насыщение шыхтной воды) до концентрации 2,5 мг/л. Скорость пребывания воды в 1 ступени составляет 0,42 часа. Скорость окисления железа 20 мг/л железа составит 0,37 часа. По стехиометрическому соотношению на 1 мг железа требуется 0,143 мг кислорода. 2) Во 2 ступени начальная концентрация кислорода составит 2,5 мг/л и начнется процесс окисления железа с концентрации 20 мг/л до концентрации 2,55 мг/л. Процесс окисления железа произойдет не полностью, так как концентрация кислорода на входе во 2 ступени составит 2,5 мг/л, а по стехиометрии требуется 2,86 мг/л. 3) Процесс окисления железа завершится в 3 ступени до концентрации по железу 0,1 мгл. 4) В 4 ступени водосливова – аэратора шахтная вода будет насыщена кислородом воздуха до требуемых нормативов согласно СанПиН 2.1.5.980-00 «Гигиенические требования к охране поверхностных вод. Санитарные правила и нормы» содержание кислорода в воде на выпуске в водоем не должно быть менее 4 мг/дм3 в любой период года.

Таким образом, изменив в третьей очереди очистных сооружений искусственную аэрацию на естественную, технологический процесс не будет претерпевать отрицательную динамику эффективности очистки. Окисление железа и выпадение его в осадок, будет происходит в две ступени очистки принятой технологической схемы. Вместе с этим, ожидается положительный прогноз улучшения качества воды на выпуске в водоем и предотвращение подтопления территории.

Шеин Валерия Вячеславовна
магистрант второго года Академии Архитектуры и Искусств Южного Федерального Университета, г. Ростов- на- Дону

ОРГАНИЧЕСКАЯ АРХИТЕКТУРА КАК ФЕНОМЕН ИСПОЛЬЗОВАНИЯ КОМПЬЮТЕРНЫХ ТЕХНОЛОГИЙ В АРХИТЕКТУРНОМ ФОРМООБРАЗОВАНИИ

Аннотация: Обобщен и сформулирован метод архитектурного формообразования на основе компьютерных технологий на примере проектов архитекторов.

Ключевые слова: архитектурное формообразование; математические науки; методология.

Shein Valeriya

second year master ofAcademy of Architecture and Arts
of Southern Federal University, Rostov- on- Don

ARCHITECTURAL CREATING SHAPE AS SUBJECT OF MATHEMATICS SCIENCE

ABSTRACT: The method of architectural creating shape based on the mathematic sience was generalized and formulated with architectural and engineering autors and their progects.

Если считать Японию родиной архитектурной органики в связи с ее, скорее, предметными формальными поисками середины XX в., то, однозначно, следовало бы сказать о зарождающихся в то время постмодернистских тенденциях в теории, а впоследствии и практике архитектуры. Опять же, ввиду постмодернистской идеологии отказа от догматов модернизма, мы не видим осознанной, скажем так, тяги к природе, но отчетливо читаем антипод жестким рамкам строгого модернизма. Природа – органика здесь никак не есть цель но, по сути, визуальное следствие смены всеобщей архитектурной методологии, иначе говоря – идеи.

Деконструктивизм, который начисто отвергается и Тойо Ито, и Захой Хадид как основа их проектного мышления, сутью этого мышления и является, то есть органическая клетка в форме плана и объема здания в идеологической основе своей является в первую очередь неким отрицанием конструктива, следовательно - объектом деконструктивизма.

Если принять за основу деконструктивистскую методологию, то совершенно логично применение компьютерного формообразования как самостоятельного, то есть компьютерные технологии здесь не средство воплощения формального замысла автора, но некий генератор формы, создающий ее путем собственного, скажем так, интеллекта. Однако, основой подобного творчества, создаваемого, как идея и натурализированного теми или иными технологическими средствами является в целом отказ от рамок «общей застылости и жесткой прямоугольной планировки». (А.В.Рябушин: Заха Хадид.М: с.130).

Доминанта форм, полученных в результате использования компьютерных технологий над иными методами формообразования, приводит к изменению основных парадигм проектной методологии. В. Волынсков в своей кандидатской диссертации приводит как пример, названного им параметрическим, метода градостроительного формообразования - поиски З.Хадид, которые, в общем, в чистом своем прочтении имеют исключительно теоретические перспективы по нормам нашей страны, например. То есть, чтобы стать реализованными, им нужно претерпеть ряд изменений в области формы, иначе говоря, потерять суть своего формообразования.

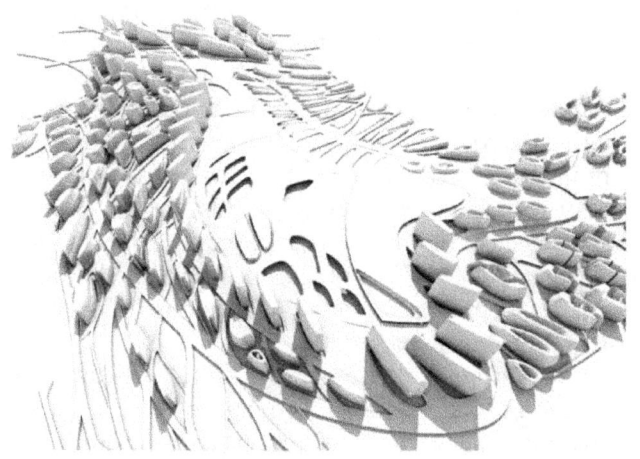

Конкурс на создание генерального плана.
З.Хадид. Аппур, Индия, 2008г.

Так или иначе, в теории и практике XX века мы сталкиваемся ни с чем иным, как с противостоянием противостоянию, отрицанием отрицания. На практике и то, и другое имеет место. Если викторианские мастера спорили друг с другом чаще в стилевом аспекте и расчленяли его, соответственно, основываясь на классической теоретической базе (кроме Рёскина,разумеется, который оторвался от понятия **стиля**, но по сути ввел понятие **метода**), то в XX веке исследования теоретиков архитектуры имеют более методологический характер. От теории модернизма к «разоблачению» ее и признанию ее утопичности, от постмодернизма сквозь деконструктивизм к нелинейной архитектуре ,и как итог — отрицание теории архитектуры как доминантной единицы в структуре современного архитектурного творчества.

SECTION VII. Medical sciences (Медицинские науки)

Битебаева Дина Мухамматовна
докторант 3 курс, кафедра общественного здравоохранения
Танатарова Гульназ Нурсолтановна
*декан постдипломного и дополнительного образования,
кандидат мед. наук*
Уйсенбаева Шарбану Омиргалиевна
*заместитель декана постдипломного и дополнительного
образования, магистр фил. наук*

Государственный медицинский университет, г. Семей, Казахстан

Планирование кадровых ресурсов здравоохранения в Казахстане (на примере Восточно-Казахстанской области)

Планирование кадровых ресурсов является актуальной проблемой системы здравоохранения в Казахстане и за рубежом. Анализ программных документов Всемирной организации здравоохранения (далее – ВОЗ) за последние 10 лет демонстрирует устойчивую обеспокоенность мирового сообщества данной проблемой. Так, по данным ВОЗ, к 2035 году дефицит кадров здравоохранения составит 12,9 миллиона работников [1].

К трудностям, с которыми сталкиваются системы здравоохранения стран-участниц при планировании кадровых ресурсов, эксперты ВОЗ относят:

1. отсутствие достоверных статистических данных в области здравоохранения;

2. трудности в прогнозировании показателей здравоохранения (рождаемость, смертность, заболеваемость и пр.), в том числе спрос на медицинские услуги;
3. миграция медицинских кадров;
4. трудности в определении структуры здравоохранения в будущем (какие специалисты будут востребованы?);
5. обеспечение сотрудничества регулирующих органов и профессиональных организаций, а также организаций образования;
6. непривлекательность медицинской профессии по сравнению с другими профессиями;
7. качество подготовки медицинских специалистов.

В целях преодоления кадрового дефицита ВОЗ разработана Глобальная стратегия для развития кадровых ресурсов здравоохранения до 2030 года (2014 г.), изданы методические руководства по мониторингу и планированию кадровых ресурсов (Оценка будущих потребностей в кадровых ресурсах здравоохранения Gilles Dussault, James Buchan,Walter Sermeus, Zilvinas Padaiga, 2010г.; Руководство по мониторингу и оценке кадровых ресурсов здравоохранения адаптировано для применения в странах с низким и средним уровнем доходов. Под редакцией: Mario R. Dal Poz, Neeru Gupta, Estelle Quain, Agnes L.B. Soucat, 2012г.); активно создаются различные международные объединения по вопросам кадрового обеспечения (Asia Pacific Action Alliance on Human Resources for Health, Global Health Workforce Alliance и др.).

Обобщая рекомендации указанных руководств, можно выделить основные составляющие правильного планирования кадров здравоохранения на уровне государства, к ним относятся:

1) наличие централизованного органа, способного обеспечить мониторинг и сбор **объективных статистических данных в области здравоохранения**: данные о количестве выпускников медицинских учебных заведений, количестве нетрудоустроенных выпускников мед.вузов, данные о количественном и качественном составе кадров учреждений здравоохранения, количество имеющихся вакансиях в мед.организациях, данные смертности, заболеваемости, количественные и качественные показатели деятельности мед. организаций (количество койко-мест, среднее число посещений пациентов, количество вылечившихся больных и пр.);

2) **доступность статистических данных** и **информированность** всех заинтересованных сторон о положении и тенденциях в развитии здравоохранения страны;

3) наличие **стратегии по развитию** здравоохранения;

4) **качественное взаимодействие** всех заинтересованных сторон (Министерство здравоохранения, медицинские организации, организации образования, профессиональные медицинские сообщества, потенциальные, настоящие обучающиеся).

Целью проведенного исследования было изучение особенностей процесса планирования кадровых ресурсов в организациях здравоохранения Восточно-Казахстанской области; определение мнения работодателей по ключевым вопросам организации взаимодействия медицинских вузов, Министерства здравоохранения и практического здравоохранения.

Настоящее исследование было осуществлено в Восточно-Казахстанской области. Численность населения Восточно-Казахстанской области, по данным Бюро статистики, на 1 января 2014 года составляла 1394,0 тыс. человек; плотность населения в среднем по области - 4,9 чел./1 кв.м. Подготовку медицинских кадров в данном регионе осуществляет 1 вуз (Государственный медицинский университет г. Семей), 4 медицинских колледжа. По данным компании «Мединформ», являющейся правопреемником Республиканского информационно-вычислительного центра (РИВЦ) Министерства здравоохранения Республики Казахстан, на 2014г. в Восточно-Казахстанской области в сфере здравоохранения работает 5 891 врачей и 14 499 среднего медицинского персонала, имеющего специальное медицинское образование. По количеству врачей на 10 тыс. населения Восточно-Казахстанская область занимает 4-ое место в Республике - 42.2 чел. (без учета стоматологов) (1-ое место г. Астана – 85,0, 2-ое – г. Алматы – 73,8 чел.; 3-е место г. Карагандинская область – 46,2 чел.). Всего в Восточно-Казахстанской области насчитывается 357 учреждений первичной медико-санитарной помощи и 93 стационара.

Потребность в медицинских кадрах по состоянию на 01 января 2015 года составила 186 врачей. Наиболее востребованными в Восточно-Казахстанской области по данным Министерства здравоохранения и социального развития РК в настоящее время являются – акушер-гинекологи (12 единиц), на втором месте - педиатры и лучевые диагносты (10 единиц), на третьем месте – терапевты и анестезиологи (9), на четвертом - психиатры (8). Похожая тенденция потребности в медицинских кадрах наблюдается и на уровне республики:

1) акушер-гинекологи – 242 вакансии;
2) лучевые диагносты – 223;
3) терапевты – 222;
4) психиатры – 184;
5) анестезиологи – 163.

В рамках описываемого поперечного (одномоментного) исследования было проведено анкетирование руководителей медицинских организаций Восточно-Казахстанской области. Опрос проводился с помощью онлайн-ресурса http://webanketa.com/, посредством публикации на данном сайте анкеты и последующей рассылкой на электронные адреса руководителей медицинских организаций Восточно-Казахстанской области. Статистическая обработка полученных данных была произведена в программе Microsoft Office Excel (2007).

Анкета была составлена авторами настоящей статьи и включала в себя 18 вопросов, которые условно можно было поделить на три блока. Первый блок был направлен на выявление пола, возраста, стажа работы респондента, географического расположения медицинской организации, в которой он работает. Вопросы второго блока были сосредоточены на процедуре планирования кадров медицинской организации, осуществляемой респондентом (используемые методы информирования об имеющихся вакансиях, методы поощрения и оценки работы сотрудников, причины увольнения сотрудников, текучесть кадров и др.). Третий блок был направлен на выявление информированности о потребности в медицинских кадрах в Восточно-Казахстанской области, определения мнения респондентов по вопросам системы подготовки медицинских кадров, а также взаимодействия медицинских вузов, Министерства здравоохранения и практического здравоохранения по вопросам трудоустройства и планирования набора студентов в организации образования медицинского профиля Казахстана. Респондентам предлагались закрытые вопросы (с вариантами ответов), кроме того была предусмотрена возможность выбрать вариант «затрудняюсь с ответом» или представить собственную формулировку ответа. Четыре вопроса анкеты, касающиеся методов оценки персонала, методов информирования об имеющихся вакансиях, причин увольнения, а также определения наиболее востребованных специалистов в Восточно-Казахстанской области предусматривали возможность выбора 2-3 вариантов ответа.

Анкета была разослана в медицинские организации. В течение 2 недель (24.10.2015 – 06.11.2015) анкеты были заполнены 76 респондентами. Из них 57 принадлежали мужскому полу, 19 – женскому. Возраст анкетированных варьировался от 36 до 66 лет и в среднем составил 53 года. Стаж респондентов в среднем составил 15,8 лет. Минимальный стаж в должности руководителя, указанный анкетируемыми – 1 год, максимальный – 42. Большинство опрошенных являлись руководителями городских медицинских организаций местности – 51,31%, 17,12% представляли сельские медицинские учреждения, 31,57% - районные центры.

По мнению респондентов, наиболее востребованными в Восточно-Казахстанской области в настоящее время являются терапевты и акушер-гинекологи (38,15%/29 чел.), на втором месте по степени востребованности оказались врачи общей практики и кардиологи (35,52%/27 чел.), на третьем - анестезиологи (26,31%/20чел.).

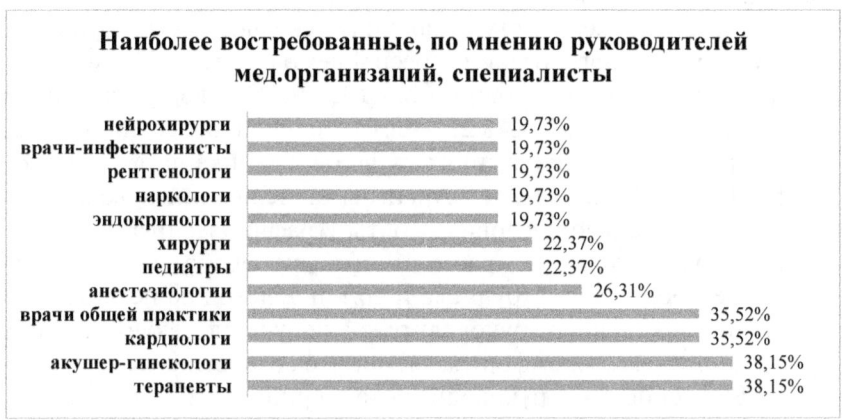

Рисунок 1. Наиболее востребованные, по мнению руководителей мед.организаций, специалисты

Среди проблем, с которыми чаще всего сталкиваются руководители при решении вопросов планирования кадров, первое место занимает «отсутствие специалистов, которые нужны организации: их не выпускают, или мало выпускают» - 77,63%/59 чел. 32,89%/25 чел. ответили, что «часто нет желающих работать в организации, так как маленькая заработная плата, неудобное место расположения мед.организации» (при этом только 16%/12 респондентов, указавших данный вариант ответа работают в сельской местности). На «отсутствие достоверной информации о количестве выпускаемых медицинскими университетами специалистов» указывают 5,26%/4 опрошенных; 5,26%/4 отметили, что наиболее часто встречающейся проблемой является «недобросовестное отношение сотрудников, которые поздно оповещают об увольнении или декретном отпуске. Поэтому приходится в сжатые сроки искать сотрудников на высвободившееся место».

На вопрос «планируют ли Ваши сотрудники декретный отпуск?» 65,78%/50 руководителей ответили «все зависит от личности сотрудника, есть те, которые заранее информируют, есть те, которые информируют в последний момент», 21,05%/16 чел. указали ответ «да, мои сотрудники заблаговременно информируют меня о планируемой беременности», 13,17%/10 чел. ответили «нет, информацию о выходе в декретный отпуск сотрудники я узнаю только в момент подачи заявления на выход в декретный отпуск».

Как наиболее частую причину увольнения сотрудников медицинской организации респонденты указали «переезд сотрудника в другую местность» (32,89%/25 чел.), на втором месте по частоте (27,63%/21 чел.) – «нашли более интересное место работы (с точки зрения зар.платы, графика др.)», в равной мере (13,16%/10 чел.) распространены такие причины увольнения как: «не устраивают условия работы (график, зар.плата и др.)», «не справляются с работой (объем работы большой, непрофессионализм сотрудника и др.) и «выход на пенсию». Ни один из опрошенных руководителей не указал такую причину увольнения как «некомфортная атмосфера в коллективе».

Большинство руководителей принимают на работу сотрудников на основе собеседования (55,26%/42 чел.), 38,15%/29 чел. - при приеме на работу анализируют рекомендательные письма и резюме, 27,63%/21 чел. указали ответ «чаще всего приходится принимать на работу тех, кто согласится, так как мало желающих»; 22,36%/17 чел. предпочитают осуществлять переподготовку уже работающих в организации сотрудников, 10,52%/8 чел. при приеме на работу сотрудника проводят тестирование и анкетирование кандидатов.

Рисунок 2. Наиболее частая причина увольнения сотрудников организации, по мнению респондентов

60,52%/46 чел. договариваются с заблаговременно (за 6 месяцев и более) о найме с будущим сотрудником, если точно знают, что через 6 месяцев и более будет открыта вакансия; 15,78%/12 чел. ответили «да, как правило, договариваюсь», 13,18%/10 чел. ответили «никогда не можешь быть уверенным точно, что вакансия откроется», 10,52%/8 чел. ответили «нет, не было необходимости».

72,37%/55 чел. респондентов предоставляют дополнительный социальный пакет (жилье, подъемные, кредит на жилье и др.) своим сотрудникам, 27,63%/21 чел. - не предоставляют.

Наиболее популярным методом поощрения сотрудников является награждение благодарственным письмом, грамотой (82,89%/63 чел.), денежную премию предоставляет 60,52%/46 чел. опрошенных; устную похвалу указали 50%/38 анкетированных. Наименее популярным методом поощрения среди респондентов стало направление сотрудников на обучение (27,63%/21 чел.).

22,36%/17 руководителей планируют в бюджете организации деньги на обучение будущих сотрудников в интернатуре, резидентуре; 39,47 %/30 чел. не планируют,

38,15%/29 чел. не планируют, но при необходимости изыскивают средства на обучение будущих сотрудников.

65,79%/50 руководителей медицинских организаций считают, что обязательная резидентура нужна только по некоторым сложным специальностям (нейрохирургия, кардиохирургия); 21,05%/16 респондентов положительно относятся к внедрению обязательной резидентуры, «так как после окончания интернатуры выпускники еще не готовы к самостоятельной врачебной деятельности»; 13,16%/10 чел. считают, что обязательная резидентура не нужна.

Рисунок 3. Мнение опрошенных работодателей на внедрение обязательной резидентуры

43,42%/33 респондентов считают, что дополнительные экзамены в медицинские вузы вводить не нужно, 22,37%/17 считают правильным введение дополнительных экзаменов для поступления на медицинские специальности, 32,89%/25 чел. затрудняются с ответом на данный вопрос; 1,31%/1 чел. считает, что нужно проводить психологическое тестирование на выявление предрасположенности к работе врача.

Данные об имеющихся в организации вакансиях 60,52%/46 респондентов направляют в медицинские вузы, 36,84%/28 чел. предоставляют в Министерство здравоохранения, 32,89% публикуют в СМИ (газеты, телевидение), 28,94% публикуют на сайте мед.организации, 22,36%/17 чел. рассказывают знакомым, 5,26%/4 чел. расклеивают объявления на улицах города/села.

Самым главным при оценке работы сотрудников для 77,63%/59 опрошенных является уровень квалификации (знания, категория) работника, 71,05%/54 указали «наличие/отсутствие жалоб на него со стороны пациентов и коллег», 71,05%/54 отметили «дисциплина (пунктуальность, опрятность, вежливость и пр.)», 50%/38 указали «коэффициент полезного действия сотрудника (сколько пациентов принял/вылечил за день/неделю/месяц/год)», 36,84%/28 чел. анкетированных указали «пользуется ли сотрудник авторитетом среди коллег». 36,84%/28 чел. главным при оценке работы работника «наличие/отсутствие инициативности, предложений, которые дает сотрудник».

На вопрос «Кто должен заниматься трудоустройством выпускников медицинских университетов?» 51,31%/39 чел. ответили «Министерство здравоохранения и социального развития должно направлять выпускников на работу», 27,63%/21 чел. считают, что университет должен обеспечить место будущего трудоустройства своему выпускнику, 15,79%/12 чел. считают, что выпускники сами должны искать себе работу.

Большинство анкетированных (82,89%/63 чел.) принимает обязательное участие в ежегодных Ярмарках вакансий, организуемых медицинскими вузами. 73,68%/56 респондентов указали, что их организации не предоставляют сотрудникам дополнительный социальный пакет (жилье, подъемные, кредит на жилье и др.).

72,36%/55 респондентов на вопрос «Как Вы считаете, существует ли в настоящее время дефицит медицинских кадров в Восточно-Казахстанской области?» ответили «да», 14,47%/11 чел. ответили «нет», 13,15%/10 воздержались от ответа.

На вопрос «Достаточно ли в настоящее время медицинские вузы выпускают специалистов?» 53,94%/41 респондентов ответили «да, достаточно», 26,31%/20 чел. ответили «нет, вузы выпускают недостаточно специалистов», 5,26% ответили «более чем достаточно, считаю, есть переизбыток выпускников мед.вузов», 14,47%/11 предпочли указать вариант «затрудняюсь ответить».

По мнению 60,52%/46 респондентов, «набор студентов должно планировать Министерство здравоохранения и социального развития, так как только в Министерстве есть все данные по количеству вакансий, которые потребуются», 26,31%/20 чел. указали, что вузы при планировании «должны запрашивать количество имеющихся вакансий в медицинских организациях своей области: сколько требуется врачей, столько и нужно набирать студентов». 6,57%/5 руководителей считают, что «медицинские университеты не должны планировать набор студентов. Они должны брать всех, кто хочет быть врачом». 6,57%/5 отметили вариант «затрудняюсь ответить».

Таким образом, было выявлено, что мнение руководителей с небольшим отклонением коррелируют с официальными данными о потребности в кадрах региона. Несмотря на то, что медицинские вузы выпускают большое количество специалистов, по-прежнему наблюдается дефицит в медицинских кадрах. Данная тенденция может быть связана с тем, что период подготовки таких специалистов в связи с внедрением резидентуры увеличился (ср.: 4 месяца длится переподготовка (специализация), от 24 до 48 месяцев осуществляется обучение в резидентуре). В этой связи логичной представляется реакция опрошенных руководителей на внедрение обязательной резидентуры. Внедрение обязательной резидентуры большинство представителей практического здравоохранения считают необходимым только для некоторых сложных специальностей (кардиохирургия, нейрохирургия).

Так, только в Восточно-Казахстанской области в июне 2015 года было выпущено 372 специалиста, что на 50% превышает востребованность в медицинских кадрах данного региона (186 вакансий на 1 января 2015г.). При этом миграция выпускников в другие регионы страны составила – 13,7%. Между тем, дефицит в медицинских кадрах на октябрь 2015г. составил 149 вакансий (80% потребности в медицинских кадрах не было покрыто выпускниками). Данное положение может быть обусловлено рядом причин как регионального (государственного), так и глобального характера. К региональным фактором сохранения дефицита относится реформирование системы подготовки медицинских кадров: в Казахстане с 2014 года введена обязательная резидентура для специальностей «Педиатрия» и «Акушерство и гинекология», что спровоцировало дефицит во врачах данного профиля. Подготовка узких специалистов для выпускников медицинских вузов, окончивших интернатуру в 2014 году и позже, в настоящее время осуществляется в резидентуре (ранее была предусмотрена первичная специализация сроком в 4 месяца), в результате на 2-4 года были отодвинуты сроки выпуска узких специалистов (психиатров, невропатологов и пр.). Определяющими факторами сохранения дефицита в узких специалистах являются выделение государственного заказа на подготовку кадров данной категории (ввиду высокой стоимости обучения в резидентуре), а также наличие организаций образования, способных осуществить их обучение. Так, подготовка офтальмологов в резидентуре осуществляется только в городах г. Алматы и г. Астана, г. Караганда, так как только организации образования данных городов имеют лицензии на обучение по данной специальности. Остальные регионы вынуждены покрывать потребность в специалистах посредством направления на переподготовку уже работающих сотрудников (к примеру, врачей общей практики). Однако данный механизм имеет сложности в реализации, так как опытные сотрудники не всегда охотно соглашаются на переподготовку ввиду различных причин (необходимость выезда в другую область на длительное время, финансовые трудности и пр.).

Анализ указанных респондентами причин увольнения сотрудников демонстрирует миграцию врачебных кадров в Восточно-Казахстанской области (внутри и за ее пределами). Данная проблема носит глобальный характер, так как присуща всем системам здравоохранения вне зависимости от условий конкретной страны или региона. В Казахстане для уменьшения миграции врачебных кадров из села в город была разработана и в настоящий момент реализуется государственная программа «С дипломом в село», «Дорожная карта по трудоустройству». В рамках данных программ были предусмотрены квоты для обучения в медицинских вузах студентов из сельских регионов с обязательством отработки не менее 3-х лет на селе; выделяется дополнительный социальный пакет для молодых специалистов (покупка жилья, оплата коммунальных расходов, надбавки к зарплате и пр.). Указанные программы принесли положительные результаты. Так, анализ трудоустройства выпускников Государственного медицинского университета 2015 года показал, что 40% молодых специалистов трудоустраиваются в селе. Однако удержание молодых квалифицированных кадров на селе требует наличия определенных управленческих навыков от руководителей сельских медицинских организаций.

Ответы анкетированных, связанных с вопросами процедуры приема, отбора, поощрения сотрудников косвенно могут свидетельствовать о необходимости совершенствования управленческих навыков руководителей в области удержания сотрудников и планировании кадрового состава.

Тревожным является тенденция принятия в медицинские организации врачей по остаточному принципу, ввиду отсутствия желающих (27,63%/21 респондентов), что значительно снижает качество предоставляемых медицинских услуг.

Ответы респондентов, касающиеся взаимодействия Министерства здравоохранения, практического здравоохранения и медицинских вузов, демонстрируют сравнительно тесную связь организаций здравоохранения и организаций образования по вопросам трудоустройства выпускников. Так, данные о вакансиях в организациях здравоохранения руководители предпочитают направлять в медицинские вузы (60,52%/46 респондентов; ср. – в министерство данные направляют 36,84%/28), в Ярмарках вакансий принимают участие 82,89%/63 чел. опрошенных. Однако, вопросы планирования набора в медицинские вузы и трудоустройства выпускников, по мнению большинства респондентов, должны относиться к компетенции Министерства здравоохранения.

В Казахстане дефицит медицинских кадров по состоянию на 1 января 2015 г. составил 3,8 тыс. чел. Некоторые эксперты считают, что причины сохраняющейся тенденции «кадрового голода» в секторе здравоохранения кроются в неправильном планировании человеческих ресурсов. Анализ результатов анкетирования руководителей медицинских организаций Восточно-Казахстанской области подтверждает мнение экспертов, так как, несмотря на то, что количество выпускаемых вузами специалистов значительно превышает потребность, дефицит медицинских кадров в исследуемом регионе по-прежнему сохраняется.

Национальными системами здравоохранения при методической поддержке ВОЗ предпринимаются меры по преодолению дефицита медицинских кадров. Во многих странах созданы центры (обсерватории) по планированию кадровых ресурсов: Health Workforce Australia (Австралия), Информационно-аналитический центр кадровых ресурсов (CWI - Великобритания), Комитет по планированию кадровых ресурсов медицины (Бельгия); в Ирландии вопросами планирования кадровых ресурсов занимаются Отдел исследований кадровых ресурсов и рынка труда (SLMRU) и Управление по подготовке кадров и занятости Ирландии (FÁS) и др. В Казахстане в рамках реализации Концепции развития кадровых ресурсов здравоохранения на 2012-2020 годы создана Национальная обсерватория кадровых ресурсов здравоохранения (2014г.), ключевой задачей которой будет являться координация деятельности мед.вузов и организаций здравоохранения по планированию кадровых ресурсов здравоохранения. Кроме того, как показало наше исследование, одно из важнейших направлений работы Обсерватории должно стать обучение руководителей здравоохранения планированию кадров внутри организации, включая этапы отбора, приема, адаптацию нового сотрудника и дальнейшее продвижение его на рабочем месте.

Литература
1. Информационный бюллетень Документационного центра ВОЗ РФ: Управление медицинскими кадрами. Сентябрь 2014 г. С 1.

Бромберг Б.Б.
Кандидат медицинских наук, Военно-медицинская академия им. С.М.Кирова, г. Санкт-Петербург

К вопросу о возможности коррекции нарушений функции тромбоцитов у больных острым панкреатитом немедикаментозными методами

Острый панкреатит (ОП) является одним из наиболее тяжелых и в прогностическом плане неблагоприятных острых заболеваний органов брюшной полости, требующих системности и последовательности в диагностике и лечении [1, 5, 18]. Важнейшим механизмом развития ОП являются нарушения микроциркуляции и реологии крови, вследствие активации агрегации клеток цельной крови [2, 4, 7, 18]. Важнейшую роль в исходе ОП играет состояние клеточной реактивности и особенности функциональной активности внутриклеточных сигнальных систем мобилизации клеточных резервов [4, 5]. В диагностике, оценке прогноза и лечении таких больных используется комплексный подход, основанный на использовании современных достижений медицинской науки, и в частности, молекулярной медицины [1, 2, 4-8, 11, 12, 14, 16, 18]. Целью настоящего исследования явилось изучение функциональной активности тромбоцитов у больных ОП.

В соответствии с целью исследования проведено проспективное контролируемое двойное слепое рандомизированное исследование показателей агрегации тромбоцитов у 126 пациентов с ОП. Из общего числа обследованных, нетяжелый ОП отмечен у 67 (53,1 %), тяжелый – у 59 (46,8 %) чел., среди них 45 женщин и 81 мужчина (средний возраст 36 ± 2 лет). Группу сравнения составили 50 практически здоровых лиц сопоставимых основной группе по полу и возрасту. В лечении ОП применяли антисекреторную терапию, спазмолитики и прокинетики [18]. Агрегацию тромбоцитов определяли с использованием стандартного турбидиметрического метода на анализаторе 230LA «BIOLA». Нулевым образцом являлся образец плазмы бедный тромбоцитами, которую получали путем центрифугирования богатой тромбоцитами плазмы в течение 15 минут при скорости вращения центрифуги 3000 об/мин. Контрольным Градуированным образцом служила плазма, богатая тромбоцитами, до добавления к ней индуктора агрегации тромбоцитов. После центрифугирования богатая тромбоцитами плазма отбиралась в сухую полипропиленовую пробирку и в дальнейшем использовалась для определения агрегации тромбоцитов в обеих пробах. В качестве индуктора агрегации использовали АДФ (ЗАО «Биохиммак») в конечной концентрации 2,5 мкмоль. Для исследования использовали объем плазмы 0,25 мл при стандартных условиях (37 °С) и скорости вращения машинной мешалки 1000 об/мин. Длительность регистрации агрегатограммы составляла 14 мин 52 с [2, 7].

В ходе исследования учитывались следующие показатели: максимальная степень агрегации тромбоцитов – отношение оптической плотности на высоте агрегации тромбоцитов к исходной оптической плотности (%), максимальная скорость агрегации тромбоцитов (%/мин), время достижения максимальной скорости агрегации (с), максимальный размер тромбоцитарных агрегатов (отн.ед.), время достижения максимального размера тромбоцитарных агрегатов (с), время достижения наибольших тромбоцитарных агрегатов (с).

Изучение изменений агрегационной способности тромбоцитов у пациентов основной группы производили до начала лечения, в первые сутки лечения, 3, 5, 7, 10 и 15 сутки. Статистическая обработка проводилась в программе Statistica 7.0

с использованием критерия χ^2. Статистически значимыми считали различия при $p < 0,05$.

У пациентов с нетяжелым течением ОП в первые сутки заболевания отмечено статистически значимое снижение всех показателей тромбоцитарной агрегации в сравнении с контрольными значениями. На 5-е сутки ОП показатели агрегатограммы не отличались от 3-х суток. К 7-м суткам у пациентов с нетяжелым ОП зарегистрировано снижение лишь некоторых показателей агрегационной активности тромбоцитов: максимальной степени агрегации, времени достижения максимального размера образующихся тромбоцитарных агрегатов и времени достижения максимальной скорости образования наибольших тромбоцитарных агрегатов, динамики в остальных показателях агрегатограммы не зарегистрировано. К 10-м суткам нетяжелого ОП, показатели максимальной степени агрегации, времени достижения максимального размера образующихся тромбоцитарных агрегатов и времени достижения максимальной скорости образования наибольших тромбоцитарных агрегатов, соответствовали данным группы сравнения. Восстановление показателей агрегационной активности тромбоцитов у пациентов нетяжелым ОП отмечено к 15-м суткам.

У пациентов с тяжелым ОП при изучении показателей агрегационной активности тромбоцитов до начала лечения отмечено значительное увеличение, по сравнению с показателями группы сравнения, показателей агрегатограммы. В дальнейшем, на 3-и сутки ОП отмечалось незначительное снижение максимальной степени агрегации, времени достижения максимальной скорости агрегации и времени достижения максимального размера образующихся тромбоцитарных агрегатов, изменений в остальных показателях не выявлено. К 7-м суткам отмечено уменьшение всех показателей, характеризующих агрегационную активность тромбоцитов. На 10-е сутки отмечено дальнейшее снижение показателей агрегатограммы, однако, они оставались повышенными по сравнению с группой сравнения. Агрегационная активность тромбоцитов на 15-е сутки ОП, не отличались от десятых суток.

Анализ результатов проведенного исследования, свидетельствует о том, что у пациентов с нетяжелым течением ОП полное восстановление агрегационной функции тромбоцитов отмечается лишь к 15-м суткам ОП, а у больных с тяжелым ОП –

к моменту выписки из стационара имеет место лишь частичное восстановление показателей аггрегатограммы. Указанное обстоятельство свидетельствует о формировании у больных с острым панкреатитом внутриклеточных молекулярных нарушений, требующих специфического восстановительного лечения [2, 4, 19]. С этой точки зрения, с целью ускорения восстановления нормальной клеточной реактивности, может быть оправдано применение специфических методов молекулярной реабилитации, в частности низкоинтенсивной электромагнитной терапии [3, 6, 9, 10]. Данные технологии успешно зарекомендовали себя при коррекции внутриклеточных нарушений, вследствие воспалительных процессов и действия чрезмерных раздражителей [10, 13].

Низкоинтенсивная электромагнитная терапия сверхвысокочастотным излучением оказывает иммунорегулирующее, противовоспалительное, репаративное и антиоксидантное действие [3, 13, 15]. При этом очевидно, что восстановление клеточной реактивности, антиоксидантного потенциала клеточной системы и репарации повреждений на клеточном и тканевом уровне является необходимым элементом реабилитации таких больных. Вместе с тем, очевидно, что данный вопрос требует дальнейшего более глубокого изучения.

Список литературы
1. Багненко, С.Ф. Диагностика тяжести острого панкреатита в ферментативной фазе заболевания / С.Ф. Багненко, Н.В. Рухляда, В.Р. Гольцова // Клинико-лабораторный консилиум. 2005. № 7. С. 18-19.
2. Бромберг, Б.Б. Изменения агрегационных свойств тромбоцитов при остром панкреатите и их коррекция / Б.Б. Бромберг. Автореф. дис. канд. мед. наук. СПб, 2011.
3. Влияние низкоинтенсивного СВЧ-облучения на внутриклеточные процессы в мононуклеарах при пневмонии / И.В.Терехов, К.А.Солодухин, В.С.Никифоров и др. // Медицинская иммунология. 2012. Т.14. №6. С. 541-544.
4. Гринев, М.В. Патогенетические механизмы сепсиса (на модели некротизирующего фасциита) / М.В. Гринев, Б.Б. Бромберг, В.Ф. Киричук // Инфекции в хирургии. 2011. Т. 9, № 1. С. 20-22.
5. Деструктивный панкреатит: алгоритм диагностики и лечения / В.С.Савельев, М.И.Филимонов, Б.Р.Гельфанд и др. // Consilium medicum. 2001. Т. 3, № 6. С. 40-49.
6. Избранные технологии диагностики: Монография / В.М. Еськов и др.; под ред. А.А. Хадарцева, В.Г. Зилова, Н.А. Фудина. Тула: ООО РИФ «ИНФРА», 2008.

7. Изменение функций тромбоцитов у больных острым панкреатитом / Б.Б. Бромберг, А.Н. Тулупов, В.Ф. Киричук и др. // Всероссийская научно-практическая конференция, посвященная 90-летию профессора М.А.Лущицкого «Актуальные вопросы военно-морской и клинической хирургии». СПб., 2009. С. 24-25.

8. Кузник, Б.И. Нетрадиционные представления о механизмах развития тромбогеморрагического синдрома и диссеминированного внутрисосудистого свертывания крови / Б.И. Кузник // Тромбоз, гемостаз и реология. 2010. Т. 41. № 1. С. 22-43.

9. Особенности биологического действия низкоинтенсивного СВЧ-излучения на продукцию цитокинов клетками цельной крови при внебольничной пневмонии / И.В. Терехов, К.А. Солодухин, В.О. Ицкович и др. // Цитокины и воспаление. 2012. Т.11. №4. С. 67-72.

10. Особенности биологического эффекта низкоинтенсивного СВЧ-облучения в условиях антигенной стимуляции мононуклеаров цельной крови / И.В. Терехов, К.А. Солодухин, В.С. Никифоров и др. // Физиотерапевт. 2013. №1. С.26-32.

11. Применение транс-резонансной функциональной топографии с целью оптимизации диагностической тактики у пациентов с подозрением на острый панкреатит и его осложнения / А.И. Лобаков, М.С. Громов, С.А. Дубовицкий и др. // Хирург. 2008. № 8. С. 22-33.

12. Системные подходы в биологии и медицине (системный анализ, управление и обработка информации) / В.И. Стародубов и др.; под ред. А.А. Хадарцева, В.М. Еськова, А.А. Яшина, К.М. Козырева. Тула: ООО РИФ «ИНФРА», 2008.

13. Способ терапевтического воздействия на биологические объекты электромагнитными волнами и устройство для его осуществления: пат. 2445134 Рос. Федерация: МПК: A61N500, A61N502/ С.В. Власкин, И.В. Терехов, В.И. Петросян В.И и др. № 2010138921/14; заявл. 21.09.2010; опубл. 20.03.2012, Бюл. № 8. 20 с. : ил.

14. Трансрезонансная функциональная топография в оптимизации диагностики у пациентов с подозрением на острую воспалительную патологию органов брюшной полости /М.С. Громов, В.В. Масляков, А.В. Брызгунов и др. // Анналы хирургии. 2008. №6. С. 60-64.

15. Функциональное состояние клеток цельной крови при внебольничной пневмонии и его коррекция СВЧ-излучением / И.В. Терехов, А.А. Хадарцев, В.С. Никифоров, С.С. Бондарь // Фундаментальные исследования. 2014. №10 (4). С. 737-741.

16. Шанин Ю.Н., Шанин В.Ю., Зиновьев Е.В. Антиоксидантная терапия в клинической практике (теоретическое

обоснование и стратегия проведения) / Ю.Н. Шанин, В.Ю. Шанин, Е.В. Зиновьев. СПб.: Элби-СПб, 2003.

17.	Buchler M.W., Gloor B., Muller C.A. et al. Acute necrotizing pancreatitis: treatment strategy according to the status of infection. Ann. Surg. 2000; 5: 619-626.

18.	Uhlmann D., Lauer H., Serr F., Witzigmann H. Pathophysiological role of platelets and platelet system in acute pancreatitis. Microvasc Res. 2008; 76(2): 114.

SECTION VIII. Agricultural science
(Сельскохозяйственные науки)

Козаева Марина Ильинична
Кандидат с-х. наук, ст.науч. сотр., ВНИИ генетики и селекции плодовых растений им.И.В.Мичурина
E-mail:kazaevami1966@yandex.ru

Предварительная оценка устойчивости сортов земляники к фузариозному увяданию

Факультативные фитопатогенные грибы рода Fusarium составляют одну из многочисленных групп возбудителей болезней многих сельскохозяйственных культур, вредоносное значение которых возрастает в условиях специализации и концентрации сельскохозяйственного производства.

Выведение и подбор сортов, ориентированных на более высокую окупаемость, в том числе и на устойчивость к вредным организмам, является необходимым звеном современной ресурсосберегающей стратегии.

Одна из причин потери устойчивости к болезням сортов сельскохозяйственных культур-значительная изменчивость представителей рода Fusarium и приспособленность к различным условиям существования. Происходящие в популяциях гибридогенные и мутагенные изменения увеличивают генофонд вида. Подсчитано, что важнейшей биологической особенностью этих грибов является колоссальный объем их популяций, достигающий сотен миллиардов пропагул на гектар.Адаптивные возможности этих патогенов чрезвычайно возрастают в связи с их высокой мутабельностью [4].

Фузарии одного вида могут поражать растения из самых разнообразных семейств, вызывая у них различные патологические явления [6]. Наиболее распространенными проявлениями этой болезни являются гниль корней и трахеомикозное увядание растений [1].

Гибель растений, пораженных трахеомикозным увяданием, происходит вследствие разрастания его биомассы и механической закупорки проводящих сосудов [9]. Кроме того, рост грибов приводит к накоплению в растительных тканях токсических метаболитов (микотоксинов) [8].

Виды рода Fusarium значительно различаются по токсичности [2]. В одних случаях продукты метаболизма грибов вызывают быстрое угнетение и гибель растений, в других оказывают стимулирующее действие на растительный организм [7]. Всвязи с этим, микотоксины могут быть использованы для ускоренной предварительной оценки устойчивости растений [3].

Поскольку токсические метаболиты грибов рода Fusarium являются селективным фактором отбора устойчивых форм растений в искусственных и естественных условиях [5], целью наших исследований явилась оценка устойчивости различных сортов земляники к фузариозному увяданию.

В качестве экспресс-метода для оценки устойчивости земляники к фузариозному увяданию использовалось влияние стерильного фильтрата культуральной жидкости возбудителя фузариоза на различные сорта земляники.

Изучение токсического действия культуральных фильтратов изолятов Fusarium sp. проводилось по следующей методике.Жидкую среду Чапека,разлитую по 6 мл в пробирки диаметром 16 мм, инокулировали изучаемыми изолятами гриба.После инкубации удаляли верхний плотный слой мицелия и в оставшуюся среду,представляющую собой культуральную жидкость с находящимися в ней пропагулами патогена,помещали здоровые листья земляники.Контроль-листья,помещенные в стерильную жидкую среду и в дистиллированную воду.В каждой повторности использовали по 10 растений.Время действия токсина учитывалось с момента потери тургора листьями [10].

Сравнительный анализ сортов по чувствительности к культуральному фильтрату Fusarium sp. показал, что наибольшей толерантностью к токсическим метаболитам гриба отличились сорта Урожайная ЦГЛ, Фейерверк, Зенга Зенгана, Вима Занта, Вима Зарта и Кимберли. Данные сорта характеризуются высокой экологической устойчивостью к неблагоприятным абиотическим и биотическим факторам внешней среды.

У сортов Фейерфакс, Фаветта, Веспер, Флора и Привлекательная первые симптомы интоксикации появились через 20 часов под действием культурального фильтрата Fusarium sp.

Наибольший токсический эффект проявились у сортов Фестивальная, Вима Тарда и Барлидаун, уже через 4 часа у них начиналась потеря тургора с последующим подсыханием листьев.

Таким образом, наблюдались существенные различия изученных сортов земляники по степени устойчивости к действию токсинов Fusarium sp. Данная взаимосвязь может послужить основой для разработки метода диагностики устойчивости сортов земляники к фузариозному увяданию с помощью токсина возбудителя болезни.

Литература
1. Билай В.И. Микроорганизмы-возбудители болезней растений /В.И.Билай, Р.И.Гвоздяк,И.Г.Скрипаль.-Киев:Наукова думка,1988.
2. Билай В.И.Фузарии /В.И.Билай.-Киев:Наукова думка,1977.
3. Гешеле Э.Э.Основы фитопатологической оценки в селекции растений /Э.Э.Гешеле.-М.:Колос,1978.
4. Изучение популяций возбудителей фузариозного и вертициллезного вилта сельскохозяйственных растений: Методические указания, ВИР им. Н.И.Вавилова. -Ленинград,1990.
5. Литовка Ю.А.Видовой состав грибов рода Fusarium и их роль в патогенезе сеянцев хвойных в лесопитомниках Средней Сибири / Ю.А.Литовка.-Красноярск,2003.
6. Мир растений:в 7 томах /Под ред. академика А.Л.Тахтаджана.-М.:Просвещение,1991.
7. Парфенова Г.А.Токсическое влияние фильтрата культуральной жидкости грибов рода Fusarium на семена пшеницы / Г.А.Парфенова,Т.П.Алексеева.-Микол. и фитопат.-1995.
8. [Электронный ресурс].-Режим доступа:http: /biofile.ru >Биология >35206.html.
9. Ann-Maree Catanzariti.Identification of Fusarium wilt-resistance genes from tomato /Anne-Maree Catanzariti.-Режим доступа:http: //www.biology.anu.edu.au.
10. Roberts D.D.,Kraft G.M.A rapid technique for studing Fusarium wilt of pea /D.D.Roberts,G.M.Kraft.-Phytophathology.1971.

SECTION IX. Ecology (Экология)

Залихан-Будаева Л.М.
Кандидат биологических наук, старший научный сотрудник
Института географии РАН

Методы гидробиологического анализа состояния поверхностных вод Центрального Кавказа

С увеличением темпов освоения среды обитания (проявляющееся как технический прогресс) все весомее осуществляется воздействие хозяйственной деятельности на окружающую природную среду. Среди проблем, обусловленных этим воздействием, важнейшее место заняла проблема чистой воды, поскольку поверхностные воды оказались наиболее чувствительным звеном природной среды. Без тщательного контроля состояния поверхностных вод невозможно предупредить возникновение неблагоприятных экологических ситуаций. Качество коды, ее биологическая полноценность в значительной мере определяется состоянием биоценозов [Абакумов, 1983].

Из всех существующих систем контроля качества природных вод только система гидробиологического контроля дает непосредственную оценку состояния биоценозов, и в этом ее основное преимущество перед другими системами контроля качества вод. В связи с этим существует необходимость широкого внедрения в практику экологического мониторинга методов гидробиологического анализа.

Гидробиологический анализ, будучи важнейшим элементом системы контроля загрязнения поверхностных вод и донных отложений, позволяет:

- определить совокупный эффект комбинированного воздействия загрязняющих веществ;
- оценить качество поверхностных вод и донных отложений как среды обитания организмов, населяющих водоемы и водотоки;
- определить трофические свойства воды;
- установить возникновение вторичного загрязнения, а в некоторых случаях специфический химизм и его происхождение;

- установить направления и изменения водных биоценозов в условиях загрязнения природной среды;
- определить экологическое состояние водных объектов и экологические последствия их загрязнения.

В гидробиологическом зонировании, применительно к исследованиям водоёмов и водотоков Центрального Кавказа, выделяют следующие зоны:
- зону ледниковых истоков, связанную с моренным альпийским и субальпийским поясами;
- зону верхнего горного течения, связанную с ландшафтной зоной хвойного леса;
- зону среднего горного течения, связанную со среднегорьем, зоной Скалистого хребта;
- зону нижнего течения, связанную с предгорьем, малыми передовыми хребтами.

Наши исследования приурочены к водотокам и водоёмам высокогорных районов Центрального Кавказа, к зонам следующих ландшафтов:
- гляциально-нивальные;
- горно-луговые;
- горно-степные;
- горно-лесные.

При проведении биологической оценки состояния поверхностных вод в исследованиях применяются методы биоиндикации и биотестирования [Абакумов, 1983].

БИОИНДИКАЦИЯ

Биоиндикация- это определение биологически значимых нагрузок на основе реакций на них живых организмов и их сообществ. Суть биоиндикации- оценка качества природной среды по состоянию её биоты. Биоиндикация основана на наблюдении за составом и численностью видов-индикаторов.

Методами биоиндикации обнаруживаются и определяются экологически значимые природные и антропогенные нагрузки на основе реакций на них живых организмов непосредственно в среде их обитания. Биологические индикаторы обладают признаками, свойственными системе или процессу, на основании которых производится качественная или количественная оценка тенденций изменений, определение или оценочная классификация состояния экологических систем, процессов и явлений. В настоящее время можно считать общепринятым, что

144

основным индикатором устойчивого развития в конечном итоге является качество среды обитания.

Существует две формы биоиндикации:

- когда одинаковые реакции организма могут быть вызваны различными факторами среды (в том числе и антропогенного происхождения) тогда речь идёт о неспецифической биоиндикации;
- когда изменения реакции чётко связаны с изменением конкретного фактора- это специфическая биоиндикация.

Биоиндикацию часто путают с биотестированием. Но если при биоиндикации организмы извлекаются из природы и по их состоянию оценивают степень загрязнения, то при биотестировании качество воды, почвы оценивается посредством лабораторных объектов (животных, растительных, одноклеточных), помещённых в тестируемую среду уже в лаборатории.

БИОТЕСТИРОВАНИЕ

Биотестирование- это определение с помощью реакций живого организма степени токсичности окружающей этот организм среды. Биотестирование широко применяется для контроля качества природных и токсичности сточных вод. Биотестирование является основным приемом в разработке ПДК химических веществ в воде. При этом определяют такие параметры, характеризующие токсичность, как: ЛК50 (летальная концентрация для 50% тест-организмов), ЭК50 (эффективная концентрация для 50% тест-организмов), МНК (максимально недействующая концентрация), ОБУВ (ориентировочно безопасный уровень воздействия), ОТД (острое токсическое действие), ХТД (хроническое токсическое действие) и ЛВ50 (время гибели 50% тест-организмов). Биотестирование водоемов основано на том, что отдельные группы гидробионтов могут жить при определенной степени загрязнения водоема органическими веществами. Способность гидробионтов выживать в загрязненной органикой среде называется сапробностью.

САПРОБНОСТЬ

Сапробность - комплекс физиолого-биохимических свойств организма, обусловливающий его способность обитать в воде с тем или иным содержанием органических веществ, то есть с той или иной степенью загрязнения.

Сапробы или сапробионты- растения и животные, обитающие в водах, в той или иной степени загрязненных органическими веществами. Способность сапробионтов минерализовать органические вещества загрязнений используется для усиления процессов самоочищения вод, особенно сточных.

В зависимости от степени загрязненности водоемы или их зоны подразделяются на:

ксено-(X) сапробные

олиго-(o) сапробные

мезо-(b) сапробные

мезо-(a) сапробные

поли-(p) сапробные с динамикой индекса сапробности от 0 до 5,0

(менее 0,5 для ксеносапробных; 0,5 - 1,5 для олигосапробных; 1,6 - 2,5 для бетта-мезосапробных, 2,6 - 3,5 для альфа-мезосапробных; 3,6 - более 4,0 для полисапробных).

Способ определения степени сапробности воды с использованием индикаторных биологических объектов, в частности микроводорослей или ракообразных. При осуществлении этого способа определяют количество сапробных видов фито- или зоофлоры и рассчитывают индекс сапробности воды (S) по формуле:

$$S = \sum_{i=1}^{n}(S_i \cdot h) / \sum_{i=1}^{n}h_i,$$

где S- индекс сапробности; Si- значение сапробности гидробионта, устанавливаемое по специальным таблицам; hi- относительная частота встречаемости видов; n- число выбранных индикаторных организмов.

Расчетный индекс сапробности воды (S) показывает степень сапробности анализируемой воды, то есть её чистоту и самоочищающую способность.

Степень сапробности водоема оценивается по максимальному количеству организмов, обнаруживаемых в водоеме, что существенно затрудняет работу и удлиняет сроки получения результата. Продолжительность анализа длится от 7-10 дней до 1 месяца.

Виды-индикаторы используются как тест-объект при проведении комплексных мониторинговых исследований водоёмов и водотоков, приуроченных к различным ландшафтным зонам высокогорья, среднегорья и предгорья (в частности Кавказа, но применительно к различным горным регионам земного шара).

Тест-объект выступает в роли прибора, выявляющего интегральный биологический эффект комплекса неблагоприятных факторов.

Требования, предъявляемые к видам-индикаторам:

легко устанавливаемая таксономическая принадлежность;

вид должен обладать широким ареалом распространения, т.к. виды с узким ареалом не дают информации о состоянии водотока вне ареала их распространения;

легко доступен для сбора в природе во время проведения полевых работ без применения специальной техники;

о виде должно быть много сведений, об экологии вида.

В биоиндикации существуют следующие методы:

Системы сапробности;

Индексы разнообразия;

Биологические индексы;

Индексы сходства и различия;

Индексы пропорционального различия;

Функциональные трофические системы;

Мультивариационные статистические методы;

Прочие интегральные подходы [Павлюк, 2007].

Они не требуют больших материальных затрат и сложного технического обеспечения. Этот комплекс методов надёжно обеспечивает высокую эффективность гидробиологического контроля всех основных типов водных экосистем.

Сказанное прежде всего относится к системам, основанным на классическом методе Кольквитца и Марссона. Это:

Показатель перифитона Тинемана;

Степень загрязнения по Лейбману;

Биологически активная нагрузка Кноппа;

Совокупный анализ Шмидта и Букка;

Метод Пантле и Букка в модификации Сладечека и др.

Классические системы индикаторных организмов, как показали наши исследования, не применимы для рек Кавказа. Например, перспективными для изучения водных объектов Закавказья являются методы индикаторных организмов сапробности по отношению к фитопланктону и зоопланктону. Среди них определённого внимания заслуживает метод Пантле и Букка в модификации Сладечека. Он в первом приближении отражает различную степень загрязнённости изученных участков различных рек, но, как ранее отмечали многие исследователи, хуже передаёт различия между отдельными станциями на одной реке. [Чхиквадзе, 1989]. Если это замечание справедливо для загрязнённых равнинных рек, то тем более значимо для более чистых горных рек. К тому же фитопланктон и зоопланктон не имеют большого значения при в биологическом мониторинге высокогорных рек. Для биологического анализа вод рек Большого Кавказа нами были опробированы многие сравнительные методы оценки состояния экосистем:

биотический индекс Трента;

расширенный биотический индекс;

биотические очки Чендлера;

система баллов Департамента окружающей среды Великобритании;

обобщённый индекс биологического качества;

биологический индекс общего качества;

бистема Мюллера-Пилота;

система Абакумова-Максимова.

Все апробированные системы оценок состояния водотоков и водоёмов основаны на соотношениях организмов микрозообентоса. Исключение составляет система, разработанная Абакумовым В. А. и Максимовым В. Н. Эта система оценок экологических модуляций является универсальной и позволяет получать оценку состояния водных экосистем по составу любой группы организмов: фитопланктону, макрофитам, зоопланктону, перифитону и зообентосу [Абакумов, 1988].

Таким образом, для горных рек универсально применима система Абакумова-Максимова- система оценок экологических модуляций по любой группе гидробионтов: фитопланктону, макрофитам, зоопланктону и, что особенно важно для горных рек, по перифитону и зообентосу.

Как уже указывалось, все физико-географические показатели горных районов обусловлены высотной зональностью. Биологически это выражается наиболее наглядно в высотной поясности наземной растительности, когда от подножья гор до их вершин происходит смена растительного покрова, например, от субтропических растений до высокогорной тундровой растительности как, например, в Западном Закавказье. Эту зональность гораздо труднее установить на гидробиологическом материале и главная трудность заключается в самих объективных особенностях физико-географической характеристик горных регионов [Баттерби, 1991]. В отличие от протяженных широтных физико-географических зон равнин (аналогичных высотной поясности горных регионов) зоны в горах достаточно узки и тесно сомкнуты по линии вертикального профиля. При таких условиях гидробионты, обладая определенным резервом экологической амплитуды, могут в некотором числе пересекать все ярусы и попадать даже из высокогорий в предгорные районы. Этому к тому же способствуют как сама динамика горных потоков, так и большой консерватизм водной среды в отношении абиотических условий по сравнению с наземной средой. Мощный горный поток, пересекая, например, четкую границу субальпийской зоны и зоны хвойного леса (предполагается локальная четкость такой границы), остается тем не менее на определенном интервале своего движения потоком с прежними значениями температуры, скорости течения и условий детритного питания. Это замечание указывает прежде всего на консерватизм водной среды и, также, указывает на отсутствие строгого соответствия гидробиологической зональности зональности наземных экосистем (хотя в самом общем виде гидробиологическая зональность логически должна быть подчинена общей физико-географической ярусности).

Итак, сближенность и сомкнутость высотных зон, динамика потока, физико-химическая инертность крупных рек на определенных интервалах и определенная экологическая амплитуда водных животных, с биотической стороны, должны приводить к известному фаунистическому смешиванию представителей различных экологических зон. В связи с этим, судить о распределении и распространении животных в горных потоках по фаунистическим спискам довольно трудно. Такие списки неизбежно «размазывают» характерные для животных зоны по всему высотному диапазону крупного горного потока (поскольку в такие списки попадают и животные, выходящие иногда далеко за пределы своего характерного высокогорного ареала). Между тем, такие фаунистические списки и являются на сегодня основными первичными биологическими документами для горных стран вообще и для Кавказа в особенности.

Методика количественного учета состоит в тотальном подсчёте всех животных на площади 1 м2 (т.е. 10000 см2). Однако эта площадь не должна быть площадью «под рамкой», но представлять собой суммарную поверхность 10-12 камней, взятых в различных биотопах реки (в зависимости от рельефа и особенностей подстилающих пород), поверхность камней измеряется по двум поперечникам. При этом камни берутся на осмотр по методу случайной выборки, и они всегда все учитываются при расчете исследуемой поверхности, даже если оказываются пустыми. Такой метод более объективно отображает количественное развитие жизни в водном потоке. И наоборот, когда ведут пересчет с меньшей площади (например, с 1/6 м2 на 1 м2) и при этом выбирают площадку, плотно заселенную животными, то такая методика является по существу оценкой количественного развития по максимуму. Сбор фауны производится при помощи скребка и путем осмотра поверхности камней, гальки и других субстратов. На отдельных участках животные собираются с определённой площади для количественной оценки развития зообентосных сообществ гидробионтов. Отобранный материал фиксируется обычным способом (60% спирта и 40% формалина) [Дэвис, 1991], [Гелетин, 1993].

Прежде чем сравнивать количественные характеристики, полученные для отдельных рек, следует проследить сезонные изменения на реках, поскольку эти изменения могут быть существенными. Все полученные количественные данные сведятся воедино в таблицы, в которых представлены как общая численность зообентоса по отдельным пунктам наблюдения, так и численность отдельных групп литореофильной фауны (поденок, ручейников, веснянок, хирономид, мошек, блефароцерид), а также олигохет (отдельно).

Сезонные различия будут более отчетливо выражены, если использовать значения общей численности, округленные до сотенных величин.

При анализе сезонных данных очевидным оказывается значительное понижение общей численности в августе. По сравнению с июнем снижение достигает трех раз и более. Такое резкое снижение численности совпадает с периодом максимальной водности рек, т.к. это сопряжено с экстремальными условиями существования гидробионтов.

Количественное и качественное обеднение биоценозов горных рек в период резкого увеличения водности отмечается многими авторами и указывает на тенденцию обеднения биоценозов при значительном усилении водности потоков.

Еще раз подчеркнем, что фауна горных водотоков в своём типичном составе очень специфична и представлена в основном преимагинальными водными стадиями некоторых групп насекомых. В связи с этим, гидрофауна высокогорья имеет личиночный, ювенильный характер и в этом состоит одна из главных трудностей её таксономической оценки.

Количественное развитие литореофильной фауны является достаточно сложным процессом, который обусловлен целым рядом комплексных факторов. И если таксономические исследования горных водотоков, при всей их незавершенности, уже дали определенные результаты на высокогорном Кавказе, то количественные исследования пока еще только предстоит наработать в комплекс к начальным этапам исследовательских работ, осуществленных нами ранее [Баттерби, 1991], [Гелетин, 1991], [Будаева, 1991], [Будаева, 1993], [Залихан-Будаева, 2002], [Залихан-Будаева, 2010].

Должны быть накоплены большие периодические данные для выявления сезонных и многолетних колебаний средних значений, которые позволят определить индивидуальные особенности каждого конкретного водного объекта. Только устойчивый количественный «фон», полученный на базе долголетних наблюдений, позволяет количественно выразить отрицательное антропогенное воздействие на водную биоту. Поэтому полученные в исследовании количественные результаты необходимы как начальная стадия и являются первыми систематическими данными по этому вопросу, которые в дальнейшем предстоит накопить и обобщить. В этом смысле полученные количественные данные представляют собой материал для последующих качественных оценок состояния биоценозов. Наблюдения должны носить долгосрочный периодический характер и представлять собой фундаментальные исследования для оценки качества поверхностных вод с целью контроля состояния водных объектов.

Литература
1. Абакумов В. А. Руководство по методам гидробиологического анализа поверхностных вод и донных отложений. - Л.: Гидрометеоиздат, 1983, с. 240.
2. Абакумов В. А., Научные основы биомониторинга пресноводных экосистем. / В. А. Абакумов, В. Н. Максимов. В кн.: Научные основы биомониторинга пресноводных экосистем. Труды советско-французского симпозиума. - Л. Гидрометеоиздат, 1988, с.104-117.

3. Будаева Л. М. Показатели степени загрязнения поверхностных вод Закавказья. / А. Р. Чхиквадзе, Г. П. Кучава, Л. М. Будаева. В кн.: Проблемы экологического мониторинга и моделирования экосистем. - Л.: Гидромтеоиздат, 1989, т.12, с. 266-271.

4. Будаева Л. М. Особенности горных потоков Центрального Кавказа как объектов биомониторинга. / Р. В. Баттерби, Л. М. Будаева, Ю. В. Гелетин. В кн.: Экологические модификации и критерии эколоического нормирования. Тр.Межд. симп. - Л.: Гидрометеоиздат, 1991, с.86-96.

5. Будаева Л. М. Биологический мониторинг рек Большого Кавказа. В кн.: Проблемы экологического мониторинга и моделирования экосистем. Л.: Гидрометеоиздат, 1991, т.13, с. 54-60.

6. Будаева Л. М. Зообентос высокогорных водоёмов Центрального Кавказа. / И. Дж. Дэвис, В. И. Попченко, Л. М. Будаева. В кн.: Экологические модификации и критерии экологического нормирования. Л: Гидрометеоиздат, 1991, с. 97-100.

7. Будаева Л. М. Структурные особенности литореофильных биоценозов высокогорных потоков Центрального Кавказа и их мониторинг. / Ю. В. Гелетин, Л. М. Будаева. В кн.: Проблемы экологического мониторинга и моделирования экосистем. - Л.: Гидрометеоиздат, 1993, том 15, с. 96-107.

8. Гелетин Ю. В., Оценка и прогноз состояния водных экосистем методом экологических модификаций. / Ю. В. Гелетин, Д. Г. Замолодчиков, А. П. Левич, А. М. Волынов, И. Б. Коренева, В. В. Ядкова. В кн.: Экологические модификации и критерии экологического нормирования. Тр. Межд. симп. - Л.: Гидрометеоиздат, 1991, с. 318-329.

9. Залихан-Будаева Л. М. Особенности экологического мониторинга горных водотоков (на примере рек Большого Кавказа). / Л. М. Залихан-Будаева, И. В. Соловьёва, Ю. Ю. Хацкевич. Труды международного университета природы, общества и человека «Дубна». - Дубна: Издательство Международного университета г. Дубны, 2002, с. 82-89.

10. Залихан-Будаева Л. М. Специфика гидробиологических методов оценки состояния водотоков Кавказа и показатели степени загрязнения поверхностных вод Закавказья, применительно к некоторым природным зонам юга России. В журн: Проблемы региональной экологии, № 5. – М: Изд-во "Маджента", 2010, с. 100-110.

11. Мартынов А. В. Экологические предпосылки для зоогеографии пресноводных бентонических животных, Рус. зоол. журнал, 1929, т. 9, с. 3-35.

12. Павлюк Т. Е. Селективность реакций трофической структуры макрозообентоса к различным факторам среды. - В сб.: Биоиндикация

в мониторинге пресноводных экосистем. Сборник материалов международной конференции. - СПб.: ЛЕМА, 2007, с. 283-288.

[1]Оспанова А.К., [2]Омарова Р.А.. [2]Жартыбаев Р.Н.,
[2]Искакова М.К., [1]Савденбекова Б.Е., [1]Ашимхан Н.С.
[1]*Казахский национальный университет им. аль-Фараби, факультет химии и химической технологии, Алматы, Казахстан;* [2]*Казахский национальный медицинский университет имени С.Д. Асфендияров, Алматы, Казахстан*

КВАНТОВО-ХИМИЧЕСКОЕ ИССЛЕДОВАНИЕ ХЛОРГЕКСИДИНА КАК АНТИБАКТЕРИАЛЬНОГО ПРЕПАРАТА

Актуальными задачами в медицине является получение антибактериальных покрытий на поверхности имплантатов различного назначения. Это связано с тем, что внутрибольничные инфекции часто являются результатом бактериальных колонизаций медицинских устройств и даже хирургического шовного материала. В случае, если происходит колонизация медицинского имплантата бактериями, то часто его необходимо заменять, что приводит к повышенной заболеваемости пациентов и повышенной стоимости лечения для системы здравоохранения. Инфекции, связанные с медицинскими имплантатами, представляют большую проблему для здравоохранения многих стран, в том числе и Казахстану. Высокая стоимость и большая смертность больных, связанных с внутрибольничными инфекциями, привели к необходимости проводить научные исследования в области разработки условий получения антибактериальных покрытий для медико-биологических имплантатов. В этом отношении больших успехов достигли научные разработки ученых США. Например, результаты патентов США № 5520664 («Катетер с поверхностью, длительно выделяющей противомикробные препараты»), патента США № 6261271 («Медицинские устройства с противоинфекционными и антитромбогенными препаратами»), патента США № 5902283 («Пропитанные антибактериальными препаратами катетеры и другие медицинские имплантаты») имеют значительные теоретические и прикладные достижения в этой области.

В данном сообщении приводятся результаты квантово-химического исследования одного из перспективных антисептиков – хлоргексидина, широко применяемого в медицинской практике и возможного его использования для получения антибактериальных покрытий медико-биологических имплантатов. В химическом отношении хлоргексидин –это (N',N''''-hexane-1,6-diylbis[N-(4-chlorophenyl)(imidodicarbonimidic diamide)], структурная формула приведена на рисунке 1. С целью выявления особенностей геометрического и электронного строения выбранного для исследований лекарственного препарата были рассчитаны его основные дескрипторы реакционной способности, а также соответствующие дескрипторы двух его бромзамещенных производных.

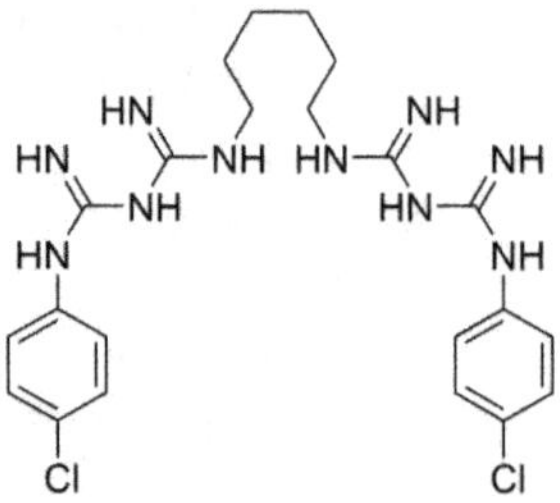

Рисунок 1. Структурная схема хлоргексидина

Для оптимизации геометрии и расчета дескрипторов использован квантово-химический метод РМ3 в полуэмпирическом приближении, входящий в программный пакет HyperChem версии 8 [1-3]. Для расчетов использовалось приближение Флэтчера-Ривса [4, 5]. С помощью графического драйвера были получены изображения молекулярных моделей исследованных соединений, а некоторые из межатомных расстояний в модельных молекулах (те, на которых в наибольшей степени сказалось замещение атома хлора, на атомы брома) представлены в таблице 1. Точность расчетов межатомных расстояний составляет ~ 0,02 Å.

Таблица 1 – Межатомные расстояния в исследованных модельных молекулах

Межатомное расстояние, Å	Хлоргексидин	Монобромзаме-щенное соединение	Дибромзамещенное соединение
$r\,(C\text{-}Cl_1)^{*)}$	1,68	1.76	-
$r\,(C\text{-}Cl_2)$	1,69	-	-
$r\,(C\text{-}Br_1)$	-	1,91	1,87
$r\,(C\text{-}Br_1)$	-	-	1,87
$r\,(C_{ap}\text{-}N_1)$	1,45	1,40	1,45
$r\,(C\text{-}N_2)$	1,29	1,52	1,29
$r\,(C\text{-}N_3)$	1,45	1,40	1,46
$r\,(C_{ap}\text{-}N_4)$	1,45	1,40	1.45
$r\,(C\text{-}N_5)$	1,46	1,40	1,45
$r\,(C\text{-}N_6)$	1,29	1,52	1,29

Из таблицы видно, что расстояния между ароматическими атомами углерода и связанными с ними атомами хлора в молекуле хлоргексидина практически одинаковы (1,68 и 1,69 Å, соответственно), что свидетельствует об одинаковой прочности данных связей. При замене одного из атомов хлора на атом брома связь между ароматическим атомом углерода с оставшимся атомом хлора слабеет, что приводит к увеличению соответствующего межатомного расстояния. Расстояние между ароматическим атомом второго бензольного кольца и атомом брома, замещающим атом хлора, имеет значение 1,91 Å, что указывает на более слабую связанность с бензольным кольцом атома брома по сравнению с атомом хлора. Замена двух атомов хлора на атомы брома приводит к стабилизации прочности связей атомов брома с разными бензольными кольцами, так как наблюдающиеся между этими атомами и атомами углерода бензольных колец межатомные расстояния становятся одинаковыми и равными 1,87 Å.

В молекулах, содержащих по два атома хлора или брома, наблюдается полное совпадение расстояний между атомами углерода и связанными с ними атомами азота. В модельной молекуле, в которой с разными бензольными кольцами связаны либо атом хлора, либо атом брома, рассматриваемые расстояния отличаются от аналогичных в молекулах с одинаковыми атомами галогенов: одни из них становятся короче, другие – длиннее.

На внутренней остовной части исследованных молекул замена атомов хлора на атомы бромы не сказывается из-за их удаленности от места замены.

Таким образом, анализ межатомных расстояний показывает, что введение в молекулу хлоргексидина одного или двух атомов брома приводит к ослаблению связанности последних с бензольными кольцами в исследованных молекулах, что соответствует уменьшению ковалентности и увеличению ионогенности связей между ароматическим углеродом и атомами брома. Это должно способствовать увеличению растворимости бромзамещенных молекул в воде по сравнению с хлоргексидином, что вносит положительный вклад в их фармакологические свойства.

В качестве дескрипторов реакционной способности исследованных молекул были взяты следующие электронные характеристики: общая энергия молекулярной системы (E_{tot}), стандартные энтальпии образования ($\Delta_f H^o$), энергии верхней занятой ($E_{ВЗМО}$) и нижней свободной ($E_{НСМО}$) молекулярных орбиталей, зарядовые характеристики (q) на гетероатомах и дипольные моменты (μ) молекул в целом. Значения указанных параметров представлены в таблице 2.

Таблица 2 – Дескрипторы реакционной способности молекул хлогексидина и его бромзамещенных

Дескриптор	Хлоргексидин	Монобромзамещен- ное соединение	Дибромзамещенное соединение
E_{tot}, ккал/моль	-122772,51	-123617,73	-124462,45
$\Delta_f H^o$, ккал/моль	98,84	112,59	126,82
$E_{ВЗМО}$, эВ	-9,24	-8,99	-9,18
$E_{НСМО}$, эВ	-0,51	-0,39	-0,38
q (C_6)	-0,100	-0,087	-0,122
q (Cl_7)	0,079	0,069	q (Br_7) 0,002
q (C_3)	-0,095	-0,081	-0,073
q (N_{10})	-0,207	-0,139	-0,140
q (N_{11})	0,049	0,010	0,010
q (C_{25})	-0,090	-0,074	-0,073
q (N_{26})	-0,175	-0,165	-0,171
q (N_{27})	0,086	0,083	0,083
q (C_{33})	-0,081	-0,126	0,112
q (Cl_{34})	0,079	q (Br_{34})0,008	q (Br_{34}) 0,008
μ, D	1,153	2,133	2,411

Анализ значений дескрипторов, представленных в таблице, показывает, что исследованные молекулярные системы характеризуются значительными по абсолютной величине отрицательными значениями общих энергий (E_{tot}), что обусловлено значительным количеством электронов у таких атомов, входящих в состав молекул, как хлор и бром. При сравнении данных характеристик наблюдается следующая закономерность: по мере замещения атомов хлора на атомы брома значение рассматриваемого параметра по абсолютной величине возрастает.

Для исследованных модельных молекул характерна положительная по знаку энтальпия образования ($\Delta_f H^\circ$), которая дает вполне корректную информацию о термодинамической стабильности. Как показывает анализ значений данной характеристики, термодинамическая устойчивость данных систем при переходе от незамещенного хлоргексидина к его бромсодержащим производным по мере увеличения числа атомов брома, замещающих атомы хлора, уменьшается. Об этом свидетельствует возрастающие по абсолютной величине значения стандартной энтальпии образования исследованных моделей.

Замещение атомов хлора на атомы брома в молекуле хлоргексидина приводит к заметному изменению зарядовых характеристик. Так, замена одного из атомов хлора на атом брома приводит к следующей зарядовой картине: отрицательный заряд на ароматическом атоме углерода, с которым связан оставшийся атом хлора, понижается по абсолютной величине. При замене этого атома хлора на атом брома рассматриваемый ароматический атом углерода, наоборот, становится более электроотрицательным.

Сопряжение в бензольном кольце и связанной с ним углерод-азотной остовной частью исследованных моделей невелирует отрицательный заряд, который должен бы наблюдаться на атомах галогенов. Это приводит к тому, что во всех модельных молекулах на атомах галогенов независимо от их природы наблюдается положительный по знаку, хотя и незначительный по абсолютной величине, электрический заряд. Значение этого заряда максимально по модулю для атомов хлора в случае их обоюдного присутствия в молекуле и минимально для атомов брома, одновременно заменяющих атомы хлора.

Заряды на атомах азота, связанных непосредственно с бензольными кольцами с присутствующими в них в качестве

157

заместителей атомами галогенов, имеют отрицательное по величине значение. Причем по абсолютной величине значения этих зарядов достаточно значительны и расположены в интервале от $|0,1395|$ до $|0,2066|$ ед. заряда.

Заряды на атомах углерода и азота по мере их удаления от галогензамещенных бензольных колец особого изменения от замены атомов хлора на атомы брома не испытывают.

Для исследованных молекулярных систем рассчитаны дипольные моменты, которые имеют следующие значения в D: 1, 153 (хлоргексидин); 2,133 (его монобромзамещенное) и 2,411 (дибромзамещенное соединение). Сравнивая эти значения с дипольными моментами известных растворителей, например: μ (H_2O) = 1,83 D, μ (CH_3OH) = 1,69 D, которые относятся к полярным растворителям, можно отметить, что все исследованные системы имеют полярную природу и будут растворимы в полярных растворителях, в частности в воде.

Данный факт, вытекающий из сравнительного анализа величин дипольного момента, является очень важным показателем для оценки фармакологической активности хлоргексидина и его бромзамещенных, так как позволяет прогнозировать их взаимодействия в биосистемах.

Важную роль в определении реакционной способности играют такие дескрипторы, как энергии граничных молекулярных орбиталей – высшей занятой и нижней свободной ($E_{ВЗМО}$ и $E_{НСМО}$), поэтому для исследованных моделей были рассчитаны эти характеристики. Из рассмотрения данных характеристик следует, что отрицательный знак энергии НСМО во всех исследованных системах, несмотря на то, что в них существуют нуклеофильные (электронодонорные) центры – атомы азота, в целом позволяет охарактеризовать эти системы как электрофильные реагенты, поэтому для них наиболее характерны процессы принятия «чужих» электронов на наинизшие вакантные (свободные) орбитали.

Исходя из разницы в энергиях ВЗМО и НСМО ($E_{ВЗМО}$ - $E_{НСМО}$), так называемой «энергетической щели», которая составляет в эВ: для хлоргексидина – 8,73; для монобромзамещенной формы -8,60; для дибромзамещенной формы -8,80, можно сделать вывод о том, что для исследованных систем характерны орбитально-контролируемые процессы, т.е. те процессы, которые лимитируются особенностями электронного строения. Это подтверждает вывод, сделанный выше из анализа энергии НСМО.

Кроме того, знание значений энергий ВЗМО и НСМО позволяет определить «жесткость» или «мягкость» ($\eta = (E_{ВЗМО} - E_{НСМО})/2$) исследованных молекул. Как показывает расчет показатель η для всех исследованных молекул по величине более 1 эВ, что позволяет сделать вывод о том, что все изученные молекулярные системы являются «жесткими» реагентами.

Таким образом, проведенный квантово-химический расчет позволил оценить реакционную способность модельных систем хлоргексина и его бромзамещенных, на основании которой можно оценить растворимомость и сделать некоторые прогнозы фармакологических свойств, что позволит в дальнейшем дать научно-теоретическое обоснование антибактериальной активности этих соединений.

Литература

1. Хёльтье Х.-Д., Зиппль В., Роньян Д., Фолькерс Г. Молекулярное моделирование. Теория и практика / Перевод с англ. под ред. В.А. Палюлина и Е.В. Радченко. – М.: БИНОМ. Лаборатория знаний, 2010.- 318с.

2. Степанов Н.Ф. Квантовая механика и квантовая химия. – М.: УРСС, 2001. – 503 с.

3. Грибов Л.А., Муштакова С.П. Квантовая химия. – М.: Гардарики, 1999. – 340 с.

4. Кларк Т. Компьютерная химия. М.: Мир, 1990. – 197 с.

5. Demaison J., Boggs J.E., Csaszar A.G. Equilibrium Molecular Structures^ From Spectroscopy to Quantum Chemistry. – PDF CRC Press. – 280 p.

CreateSpace

4900 LaCross Road,

North Charleston, SC, USA 29406

2016